地质调查项目(DD20211350)、国家自然科学基金重大项目课题“储层天然气水合物相变和渗流多场时空演化规律”(51991365)、国家自然科学基金重点项目“天然气水合物试采系统温压场演化与流动保障机制”(U2244223)

天然气水合物降压开采储层多孔介质结构表征与渗流机理

陆　程等　编著

海洋出版社

2023 年 · 北京

图书在版编目(CIP)数据

天然气水合物降压开采储层多孔介质结构表征与渗流机理／陆程等编著. — 北京：海洋出版社，2023.8

ISBN 978-7-5210-1165-4

Ⅰ.①天… Ⅱ.①陆… Ⅲ.①天然气水合物-气田开发-渗流-研究 Ⅳ.①TE375

中国国家版本馆 CIP 数据核字(2023)第 174507 号

天然气水合物降压开采储层多孔介质结构表征与渗流机理

TIANRANQI SHUIHEWU JIANGYA KAICAI CHUCENG DUOKONG JIEZHI JIEGOU BIAOZHENG YU SHENLIU JILI

责任编辑： 苏　勤

责任印制： 安　淼

海洋出版社 出版发行

http://www.oceanpress.com.cn

北京市海淀区大慧寺路 8 号　邮编：100081

侨友印刷（河北）有限公司　新华书店经销

2023 年 8 月第 1 版　2023 年 8 月北京第 1 次印刷

开本：787 mm×1092 mm　1/16　印张：13.75

字数：210 千字　定价：298.00 元

发行部：010-62100090　总编室：010-62100034

编 委 会

前言

与其他国家砂岩型储集层不同，我国南海天然气水合物储层以泥质粉砂为主，具有未成岩、低渗透、胶结性差等特点，开采难度更大。尽管国内外学者在天然气水合物储层物性参数变化规律、渗流机理、产能模拟等多方面开展过较有特色的基础研究，但仍存在以下问题：主要采用砂岩岩芯作为多孔介质或仅应用数值模拟开展相关研究，未聚焦南海泥质粉砂多孔介质的开发特征；对水合物分解区泥质粉砂孔隙结构表征与关键物性参数之间的关联认识不足；对降压开采泥质粉砂型水合物分解区绝对渗透率与蠕变多孔介质结构变化之间的关系研究尚不充分；对水合物分解后从分解前缘至生产井筒这一范围内的泥质粉砂多孔介质气-水两相渗流规律缺乏认识，导致后续产能评价准确性降低。

针对上述问题，作者及科研团队就“天然气水合物降压开采储层多孔介质结构表征与渗流机理”开展深入研究。第 2 章主要介绍了利用微米 CT、扫描电镜成像、矿物定量分析、数字岩芯等多项技术和分形几何理论，开展水合物分解区多孔介质微观结构表征研究，掌握蠕变多孔介质绝对渗透率的表征方法，揭示泥质粉砂多孔介质微观结构与宏观物性之间的关系；第 3 章主要介绍了依托自主研发的基于 CT 技术测量海域泥质粉砂储层结构变化的装置、观察沉积物构造变化可视化实验装置等多项专利技术，开展水合物分解区泥质粉砂储层渗透率流速敏感性研究，初步揭示降压开采中泥质粉砂微观结构与压力的动态演化规律，建立储层压力变化下蠕变结构渗透率模型，掌握影响生产井周储层渗透率变化的关键因素；第4章主要介绍了利用自主研发的地质储层径向流模拟系统等多项自主创新专利技术，开展水合物分解区气–水两相渗流能力研究，初步厘清生产井控范围内分解区气–水两相相对渗透率曲线特征；第5章介绍了利用阶段性研究成果，开展数值模拟研究，初步厘清影响南海泥质粉砂型水合物产气量的主控因素，进一步为我国南海天然气水合物开采产能动态变化特征分析提供重要参考。

研究结果为推动实现天然气水合物产业化的进程提供支撑与保障，具体如下。

（1）南海天然气水合物泥质粉砂储层具有明显的水湿特征，存在大量的亚微米级孔隙，较常规砂岩表现出高孔低渗的特性，且孔隙发育程度更加复杂，孔–渗相关性较差；孔隙度较小的储层具有较强的非均质性，且渗透率较低；而孔隙度较大的多孔介质与常规砂岩相比，表现出非均质性越强，渗透率越高的特点。

（2）该类型水合物分解区泥质粉砂多孔介质的渗透率会随驱替压差增高而降低，3 MPa/m的驱替压力梯度是该类储层孔隙结构、渗透率发生急剧变化的临界点；小于该点时，整体结构虽会发生蠕变，但孔隙结构与渗透特性均会保持相对稳定；降压梯度大于该点时，孔隙结构发生显著变化，小孔喉数量增多，大孔喉数量减少，平均孔喉半径、中值孔喉半径和最大孔喉半径均变小，使得流体发生有效渗流的孔隙空间急剧压缩，导致渗透率降低且不可逆。

（3）泥质粉砂多孔介质中亚微米级别的小孔对水相的束缚能力较强，气相进入孔隙时需克服很大的毛管力，“水锁”效应强烈；气–水两相相对渗透率曲线与常规砂岩、致密砂岩、煤层等储层相比，表现为具有更高的束缚水饱和度，等渗点整体发生右偏移且更低，两相共渗区较窄，最大气相相对渗透率更小，水相渗流能力受泥质粉砂对水的束缚力较强而偏低，必须进行储层改造，创造有利于气体流动的渗流通道，方可高效开发出此类型水合物分解后产生的甲烷气体。

（4）降压开采该类型水合物，水合物分解对储层有效渗透率产生积极影响时，有效渗透率仍表现为增大趋势，蠕变效应占据主导地位时，有效渗透率会随水合物分解而降低，严重影响水合物气井产能；储层初始绝对渗透率和残余气下的水相相对渗透率决定了初始水合物分解速率，两者初始值越大，产气量越高，但束缚水下的气相相对渗透率决定了后期水合物气井的生产能力。

由于时间仓促，加上作者水平有限，书中难免存在不足之处，敬请各位读者批评指正。

作　者

2023年1月

目　录

1 概　述

1.1 研究背景及意义

天然气水合物是指在一定温度、压力条件控制的稳定域内，由甲烷为主的烃类气体与水形成的类冰状结晶化合物，经常被称作“甲烷天然气水合物”[1-3]。自然界中，天然气水合物多以固态等形式赋存于水深超过 300 m 的陆架边缘海底沉积物中，不足 10%分布在自然条件恶劣的陆域永久冻土层岩石的裂隙[4-11]、孔隙中。常压下 1 m^3的天然气水合物可以释放出 0.8 m^3的水和 164~172 m^3的气体[12-14]，燃烧后几乎不产生任何残渣，污染比煤、石油、天然气都要小得多，是一种资源量丰富且效能极高的清洁能源[15-17]，其碳含量约为石油、天然气和煤炭三者总和的两倍[18]，是未来全球能源发展的战略制高点[19]。

油气资源开发攸关国家经济社会可持续发展和国家能源资源安全。我国石油需求将在 2030—2035 年达到峰值，未来 15 年天然气需求仍将保持持续增长。根据《中国油气产业发展分析与展望报告蓝皮书(2019—2020)》显示，2019 年我国油气对外依存度双创新高，石油对外依存度上升至 70.8%，天然气对外依存度达 43%，国内供需矛盾增大，危及国家能源安全。严峻的能源形势，迫切需要新的油气接替资源。天然气水合物等非常规油气资源的高效开发利用将为国家能源资源保障提供新的方向，降低油气资源对外依存度，提升国家能源资源安全保障程度。“十三五”资源评价显示，我国海域天然气水合物资源量约 800×10^8 t 油当量，勘探开发前景广阔。成功开采出天然气水合物中的甲烷气体业已成为国内油气“增储上产”，保障国家能源安全领域的重要组成部分。2021 年 3 月 11 日第十三届全国人民代表大会通过的“十四五”规划纲要中明确提出：开展南海等地区天然气水合物试采。

国际天然气水合物勘查开发呈现出以下趋势：一是纷纷制订天然气水合物开发计划，从国家能源安全、国家经济安全、战略科技创新等角度出发，美国、日本、印度、韩国等国家制订了国家级天然气水合物勘查开发计划，加大投入，加快推进；二是主要国家天然气水合物产业化进程已从资源勘查发现向试采技术攻关、产业化开发转变，特别是受我国 2017 年、2020 年两轮海域试采成功的引领，进一步加强试采技术攻关和准备。截至目前，中国、美国、日本、加拿大等多个国家相继实施了天然气水合物试采，均遇到了诸多理论和技术瓶颈，还需做大量艰难的探索研究，才能实现天然气水合物的商业化开采[20-26]。

1.2　国内外研究现状

1.2.1　国内外试采进展

1.2.1.1　国际试采工作进展

20 世纪 80 年代初起，美国、日本、印度、德国等国家高度关注天然气水合物未来的开发利用前景，先后启动了国家级的天然气水合物研发计划，并于2002年开始在陆域和海域进行多次实验性开采，取得了重要进展(图1-1)：一是2002年、2007年、2008年在加拿大马利克冻土区采用了降压法和加热法进行开采实验[27-31]，但是由于效率低和出砂问题被迫中止；二是2012年在美国阿拉斯加北坡运用降压法和CO_2置换法进行开采实验[32-34]，同样效率不高；三是2013年、2017年在日本南海海槽的开采实验，2013年日本在南海海槽首次实施天然气水合物试采[35, 36]，维持了6天因出砂问题而被迫中止[37]，2017年实施第二次试采[38, 39]，第一口井再次因出砂问题而停产，第二口井产气24天，产气量约20×10^4 m^3，两口井的产量都未获有效提高，表明生产技术仍有待改进。

图1-1 全球天然气水合物试采地位置

1.2.1.2　中国试采进展

我国先后实施两轮陆域天然气水合物试采，2011 年运用自然降压法和加热法对木里地区天然气水合物进行了试采，成功实现了我国冻土天然气水合物试采的重大突破(图 1-2)，初步掌握了试采的关键技术。2016 年针对第一次试采产量较低以及木里地区天然气水合物饱和度低、分布不均等特点，为提高开采效率和产气量，创新提出山字形水平对接井试采方案，与 2011 年的直井试采相比产气量明显提高[40-42]。

我国先后实施两轮海域天然气水合物试采，2017 年针对开采难度最大的泥质粉砂型天然气水合物储层(图 1-2)，在毫无先例可循的情况下，通过自主研发试采技术装备，成功实现了在南海北部浅软地层中直井试采，连续稳产 60 天，累计产气 30.9×10^4 m^3，创造了产气时长和总量的世界纪录，是中国人民勇攀世界科技高峰的又一标志性成就，对推动能源生产和消费革命具有重要而深远的影响[43, 44]。2020 年 2 月 17 日至 3 月 18 日在水深 1 225 m 的神狐海域成功实施天然气水合物第二轮试采，创造了 42 天连续产气 149.86×10^4 m^3、日均产气量 3.56×10^4 m^3 两项新的世界纪录，国际领先优势进一步增强[45, 46]。

1.2.1.3　天然气水合物开采方法研究

尽管天然气水合物商业化开采的经济效益与管理模式、井场布置方案、自然条件、人员配置等诸多因素有关，但开采方式是其中最核心的影响因素。

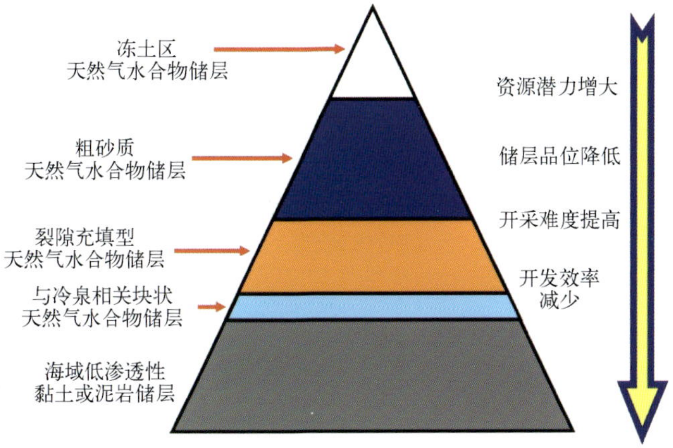

图 1-2 天然气水合物资源金字塔

目前提出的开采方法均是基于使天然气水合物存在的压力温度条件发生变化，达到相平衡线下的非天然气水合物区引起分解的原理，包括降压法[47-49]、注热法[50-56]、注抑制剂法[57-61]、置换法[62-67]以及几种方法的联合[68-73]（表 1-1，图 1-3）。

表 1-1 世界主要国家天然气水合物试采情况

国家	类型	年份	开采方法	持续时间/d	累计产气量/m^3
中国	青海木里	2011	直井降压法+注热法	4.2	95
		2016	水平井降压法	23	1 078
	南海神狐	2017	直井降压法	60	30.9×10^4
	南海神狐	2020	水平井降压法	42	149.86×10^4
加拿大	陆域	2002	直井热水循环法	5	516
	陆域	2007—2008	直井降压法	6	1.3×10^4
美国	陆域	2012	直井 CO_2 置换法+降压法	30	2.4×10^4
日本	海域	2013	直井降压法	6	12×10^4
	海域	2017	直井降压法	12	3.5×10^4
				24	20×10^4

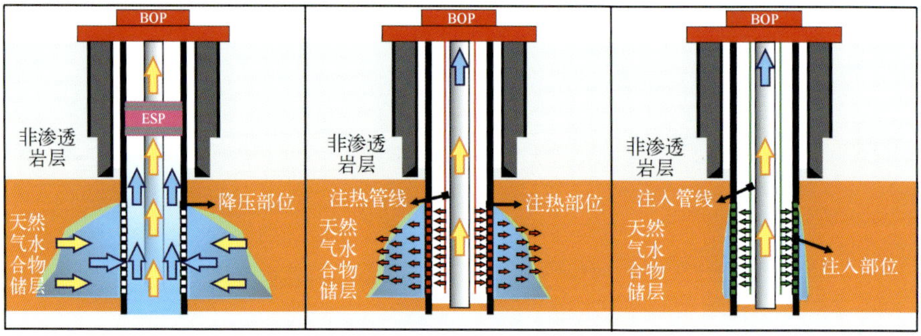

图 1-3　天然气水合物开采方法

(1)降压法：使井周储层压力降低至天然气水合物稳定压力之下，产生天然气，再由井筒中气、水分离装置将气与水分开抽采，以保证气路不发生水锁降低产量，水路天然气含量不足以形成天然气水合物固体而堵塞井眼。然而，单纯地采用降压方法，由于没有外部热源的能量补充，极易造成井筒附近大面积结冰或生成二次天然气水合物，显著降低气井产量，缩短气井稳产期，不利于提高天然气水合物采收率。

(2)注热法：改变储层温度条件，使其超过该压力下的临界分解温度，导致天然气水合物的相平衡破坏，分解为水和天然气。然而，注热开采法的主要问题是热利用率较低，且生产层位必须要有较好的孔隙连通性。该方法技术可行，但并不经济。

(3)注抑制剂法：通过注入天然气水合物抑制剂，使得地层的孔隙压力和温度条件不能满足天然气水合物的相平衡，使天然气水合物分解相变产生甲烷气体。但抑制剂会对环境及生态系统造成污染，增加环境保护的难度。

(4)置换法：通过注入 CO_2 或者其他形成天然气水合物的相平衡条件低于甲烷的流体，将天然气水合物中的甲烷气体置换出来并进行收集。但置换效率不高，注入流体易避开天然气水合物层渗流到井口，带来气液分离的麻烦。

理论和实践均表明，降压法是相对经济可行、安全环保的一种开采天然气水合物方法，全球所有进行过天然气水合物试采的国家均选用此种方法。

1.2.2 开采机理研究进展

天然气水合物降压开采涉及固-气-液相变、温度变化、储层结构变形、气-水两相渗流、储层改造等诸多方面，其中储层渗流是开采的基础和关键。

开采过程中固相天然气水合物发生相态转变，形成气相分解气和液相分解水，这一过程贯穿始终，是储层产气的基础。而储层渗流是指分解后的天然气和水(分解水、地层水)在储层中的流动，储层渗流能力是制约天然气能否顺利被产出的关键所在。与常规油气相比，天然气水合物开采中储层渗流机理更加复杂，严重制约其高效开采。目前国内外许多学者在天然气水合物多孔介质微观结构表征、渗流机理、数值模拟等多方面开展了大量较为有特色的研究工作。

1.2.2.1 天然气水合物储层微观结构表征研究

天然气水合物储层的微观孔隙结构对储层物性具有重要影响，决定了开采过程中天然气水合物、分解气、分解水、地层水的渗流方式，直接影响开采效率。前人系统总结了孔隙空间中天然气水合物生长形态，认为生长形态对储层物性有着明显的影响，并将天然气水合物的赋存形态分为孔隙填充型、支撑型、胶结型三类[8]。目前的研究主要以室内实验模拟为主，分为非可视化与可视化两种技术。

非可视化识别技术主要基于温度、压力、声波、电阻等，包括光通过率法[74]、超声检测法[75]、电阻检测法[76-78]，成本低，但精度有限。随着科技的发展，X射线断层扫描技术[79]、低场核磁共振成像[80-82]、高分辨率场发射扫描电镜、数字岩芯等可视化技术成功用于直接观测天然气水合物沉积孔隙、吼道等微观结构的分布特征。秦绪文等[83]、陆程等[84]、边航等[85]、叶建良[86]等通过基于CT扫描技术研发了可观察南海泥质粉砂微粒在多孔介质中运移过程的测量装置，开展了海域天然气水合物多孔介质微粒运移测量实验，并借助数字岩芯技术初步得到了多孔介质微粒运移规律、微观结构变化特征。

1.2.2.2 天然气水合物储层渗流机理研究

1）天然气水合物储层单相渗流机理研究

单相流体在天然气水合物储层介质孔隙中流态与常规储层不同，流体不呈层流流动。天然气水合物储层的渗透性与流体流动特性、结构蠕变特性以及驱动压力相关。蠕变区域中储层孔隙结构演变导致流体运动更复杂，建立天然气水合物储层单相渗透率模型是研究天然气水合物储层单相流体渗流特性的有效手段。

Civan[87-89]提出渗透率与有效孔隙度成指数变化关系；Masuda[90]提出天然气水合物饱和度与多孔介质渗透率呈指数关系的模型，这一渗透率模型常被称为Masuda模型。这些模型为幂律形式，其通常含有若干个经验参数，缺少定量描述天然气水合物储层有效孔隙结构演化过程一般性通用模型。如何将渗透率与孔隙结构建立联系是国内研究深海沉积物渗透率的热点问题。Spangenberg[91]将多孔介质简化为一束平行圆柱状的毛细管，考虑天然气水合物均匀覆盖在毛细管内壁及天然气水合物形成在毛细管中心两种情况，研究天然气水合物饱和度和多孔介质渗透率的关系，建立简单的毛细管渗透率模型；Kleinberg 等[92]基于 Kozeney 多孔介质渗透率模型，考虑天然气水合物包裹颗粒和天然气水合物在孔隙中心生成两种情况，研究天然气水合物生成对孔隙中流体流动特性的影响，建立多孔介质渗透率模型；Jang 等[93]、Tsimpanogiannis 等[94]、Liang 等[95]和 Delli 等[96]采用孔隙网络模型研究天然气水合物储层渗流特性，在含天然气水合物沉积物渗透率研究上取得良好的应用效果。这些模型一定程度上反映天然气水合物含量及赋存形式对渗透率的影响，在开采产能预测等数值模拟研究方面有所应用，但其适用范围较窄。

天然气水合物储层单相渗流实验对研究天然气水合物储层流体流动机理的理论分析与模型建立至关重要，测定天然气水合物储层渗透率是了解天然气水合物储层渗流特性的必要环节。针对天然气水合物储层渗流，不同学者通过设计单相渗流实验直接测量天然气水合物储层渗透率。Minagawa 等[97]发现核磁共振实验结果与水驱实验测量的含天然气水合物沉积物渗透率相一致；Konno 等[98]通过测试天然气水合物降压分解过程中含天然气水合物沉积物的气相渗透率，发现天然气水合物分解产生大量的水，导致气相渗透率逐渐下降；刘乐乐等[99]和张宏源等[100]运用瞬态压力脉冲法对含天然气水合物沉积物进行渗透性实验研究，实验获取的沉积物渗透率与数值模拟结果一致；王超杰[101]通过实验测量南海含天然气水合物沉积物的单相渗透性，发现沉积物具有“自过滤效应”，即降低天然气水合物开采过程中由于泥沙运移而引起的堆积堵塞。这些天然气水合物分解过程中沉积物渗流特征变化情况的实验研究，在一定程度上揭示了天然气水合物储层的渗流机理并为天然气水合物的开采提供了基础参数参考。

2）天然气水合物储层多相渗流机理研究

在天然气水合物开采过程中，固态的天然气水合物分解为天然气和水，气-水两相渗流对开采过程中储层压力、温度、饱和度变化有重要影响。当前研究主要集中于气-水两相相对渗透率、毛细管压力及生产动态变化规律等。由于气-水两相流动可导致天然气水合物饱和度变化，实验难度较大，目前对天然气水合物储层气-水两相相对渗透率、毛细管压力的研究较少。

Johnson[102]认为使用甲烷和水测量相对渗透率是不理想的，因为在驱替过程中很难避免二次天然气水合物生成，而利用氮气和水则能显著减缓天然气水合物的二次生成；Jaiswal 等[103]利用甲烷进行气驱水非稳态实验，测量了气-水两相相对渗透率曲线，并指出在驱替中可能有二次天然气水合物生成，因此需要使用较快的驱替速率；吕勤[104]利用磁共振成像仪发现采用氮气进行驱替会引起甲烷天然气水合物分解，而使用甲烷驱替只有在系统压力接近相平衡压力时才可保证驱替效果；Jin 等[105]将数字岩芯计算技术应用于天然气水合物储层，但目前还处于初期探索阶段；Wang[106]考虑界面张力结合 CT 实验测量和孔隙网格模型构建获取气水相渗曲线；Seol 等[107]用 CT 扫描技术测量气水在多孔介质中的饱和度，用 TOUGH 软件中的倒置模型研究天然气水合物分解过程中气水相对渗透率变化，并结合实验结果修正倒置模型；基于 MRI 的气水运移可视化平台，王盛龙[108]观测了分解过程中气水运移和颗粒聚集现象。蔡建超等[26]总结了含天然气水合物沉积物基础渗流理论、渗流数值模拟方法、多相渗流实验以及产气模拟研究等方面的内容，为含天然气水合物沉积物多相渗流特性研究提供了理论支持与方法借鉴。

3）天然气水合物储层渗透率影响因素实验研究

天然气水合物储层渗透率受多孔介质孔隙结构和流体性质的影响。在天然气水合物储层结构开发过程中，孔径分布、毛细管压力、饱和度等参数发生变化，找出渗透率与孔隙结构及饱和度之间的关系是解决天然气水合物储层流体渗流问题的关键。宋永臣等[109]通过天然气水合物储层多孔介质物性实验研究，发现孔隙度是影响多孔介质渗透率的重要因素；业渝光等[110]进行了多孔介质沉积物渗透率与饱和度测量实验，发现水的相对渗透率与饱和度成幂律关系；Li 等[111]分别测量岩石和非固结颗粒中天然气水合物形成(人工合成)对多孔介质渗透率的影响，发现渗透率随着天然气水合物饱和度的增加而呈指数递减。由于实验用的天然气水合物储层样品较少，大部分研究者在实验室中通过人工合成含天然气水合物样品进行渗透率测量实验，难以模拟实际开发过程中各种状态的天然气水合物储层。

天然气水合物储层的毛细管压力对气水分布、渗流规律有较大影响，Dai 等[112]利用含有不同毛细管的网络模型，研究了天然气水合物赋存模式及饱和度对毛细管压力的影响；Mahabadi 等[113]借助 CT 扫描技术和孔隙网络模型法，获得了毛细管压力曲线的相关参数，研究了天然气水合物含量、分布等因素对毛细管压力曲线的影响。总体看来，目前天然气水合物储层毛细管压力的研究较少。

1.2.2.3 天然气水合物储层开采数值模拟研究

天然气水合物的开采过程不仅涉及天然气水合物的分解，还应考虑天然气水合物系统的质量守恒和能量守恒。数值模拟是直观分析天然气水合物复杂渗流规律的有效方法，涉及流体流动和热传导，必须考虑渗流场和温度场的相互影响与作用。近 30 年来，不同学者针对天然气水合物开采提出各种多相渗流模型，这些模型从简单能量平衡模型发展到单相多孔介质解析渗流模型，并扩展到新型三维三相渗流模型。

Holder 等[114]最早用连续性方程和达西定律，考虑气相的质量守恒和能量守恒，建立了顶部天然气水合物和底部游离气界面的三维单相气体渗流模型；Tsypkin[115]认为在天然气水合物降压分解时存在一个分解前缘将天然气水合物储层分为天然气水合物区和分解区，并运用一维多相渗流模型描述储层中气水流动过程，该模型考虑分解区和天然气水合物区的气水质量守恒和能量守恒，获得了温度和压力分布的近似解；考虑分解前缘的气体质量守恒及两区内的能量守恒，Ji 等[116]建立了天然气水合物区和分解区气体压力连续方程；Hong 等[117]通过建立半无限空间多孔介质渗流解析数学模型，确定了分解反应控制机理；Ahmadi[118]改进了 Ji 等[116]的模型，分别在分解区和天然气水合物区建立压力控制方程和能量守恒方程；Moridis 等[47]的数学模型综合考虑了传热、两相渗流和天然气水合物相变；白玉湖等[119]系统考虑气-水-固多相渗流过程、渗透率变化等对产气和水的影响，并建立相对渗透率参数模型，分析影响天然气水合物分解渗流模拟的因素；刘乐乐等[120]提出了考虑传热、天然气水合物相变、传质(多相渗流与扩散)、储层变形四个物理效应的一维降压分解数学模型。

目前国内外天然气水合物开采数值模拟软件主要为：美国劳伦斯伯克利国家实验室的 TOUGH+HYDRATE、日本的 MH21-HYDRATES 和加拿大的 CMG-STARS。Moridis 等[121]在 TOUGH2 通用模拟软件中添加

EOSHYDR 模块，求解质量和能量守恒方程，模拟各种复杂情况下天然气水合物储层气体不等温释放、相特征、流体流动和热量变化特征，该模型考虑 4 相(气、液、冰、天然气水合物)、9 组分(天然气水合物、水、自然天然气、天然气水合物分解的天然气、第二种天然碳氢组分、天然气水合物分解的第二种碳氢组分、盐、水溶性抑制剂和拟组分热)，各组分受温度和压力控制，可求解温度和压力变化、各相饱和度及各相中的组分含量，描述天然气水合物渗流的相应机理，使用的控制方程目前已成为 TOUGH+HYDRATE 软件的基本数学模型；Reagan 等[122]、Konno 等[98]、Uddin 等[123]利用上述软件进行了大量的模拟计算，上述三个代表性的模拟软件考虑的都是温度场-渗流场-化学场三场耦合，均没有考虑天然气水合物分解过程中储层变形问题，即没有考虑应力场；Rutqvist 等[124]采用 TOUGH+HYDRATE 分析了天然气水合物开采过程，然后将温度、压力等参数导入描述储层变形的 FLAC3D 软件，分析了储层变形过程，但这两个软件是独立的，软件之间只能进行有限的参数传递，不是一个相互耦合的过程；Sun[125, 126]等提出一维非等温渗流模型，模拟整个多孔介质储层区动力学反应和多相渗流情况；Ruan 等[127-129]考虑气、水和颗粒三相及气、水和颗粒三组分，根据质量守恒和能量守恒定律，建立了二维轴对称的多孔介质运移数学模型，模拟了天然气水合物储层颗粒运移规律；李淑霞等[130-132]、郝永卯等[133]、Li 等[134]、Zhao 等[135]、Song 等[136]研究了天然气水合物生成与分解过程中的传热传质现象，并采用降压、注热、联合开采等多种方法进行了开采模拟研究；李金发[44]、叶建良[45]、秦绪文[46]等对我国 2017 年、2020 年两轮海域天然气水合物试采全过程进行详细的介绍，并对第一次试采生产动态特征做了较为有特色的研究工作。

综上，前人对天然气水合物储层的微观结构表征、渗流机理、数值模拟进行了诸多较为有特色的创新性探索工作，但还未形成系统的认识，特别是针对我国南海天然气水合物泥质粉砂储层的研究甚少，对渗流机理及流动规律的研究尚属起步阶段，因此亟须聚焦南海天然气水合物储层实际情况开展储层多孔介质渗流力学理论和与之相关的实验研究。

1.2.3 存在的问题

虽然我国两次试采均取得了产气时长与累产气总量的两项世界纪录[44, 45]，但是，与其他国家砂岩型储集层不同，我国南海天然气水合物储层以泥质粉砂为主，具有未成岩、渗透率低、胶结性差等特点，开采难度更大[137-139]。

如图 1-4 所示，通过深入剖析我国南海神狐海域两次降压试采全过程，发现泥质粉砂天然气水合物降压分解被产出的过程，与固结成岩储层不同，其相变和渗流过程更为复杂：使用不同降压速度开采该类型天然气水合物，降压伊始天然气水合物分解成气、水两相被快速采出，伴随开采持续进行，天然气水合物分解前缘不断向矿体边界延伸，生产井周天然气水合物分解区不断扩大，天然气水合物分解后的甲烷气和水由分解前缘经泥质粉砂多孔介质构成的分解区向生产井井筒汇聚，最终被采出；在此过程中，分解区靠近生产井筒周围压降速度激增，流体在该区域内运移会导致泥质粉砂多孔介质内的细粒沉积物颗粒在孔隙流体压力作用下向井筒方向发生移动，将在孔隙变窄处发生堆集、堵塞，甚至引发储层结构变形，导致绝对渗透性大幅降低，极大地影响该区域内的渗流能力，制约单井产气量；同时，在开采过程中分解

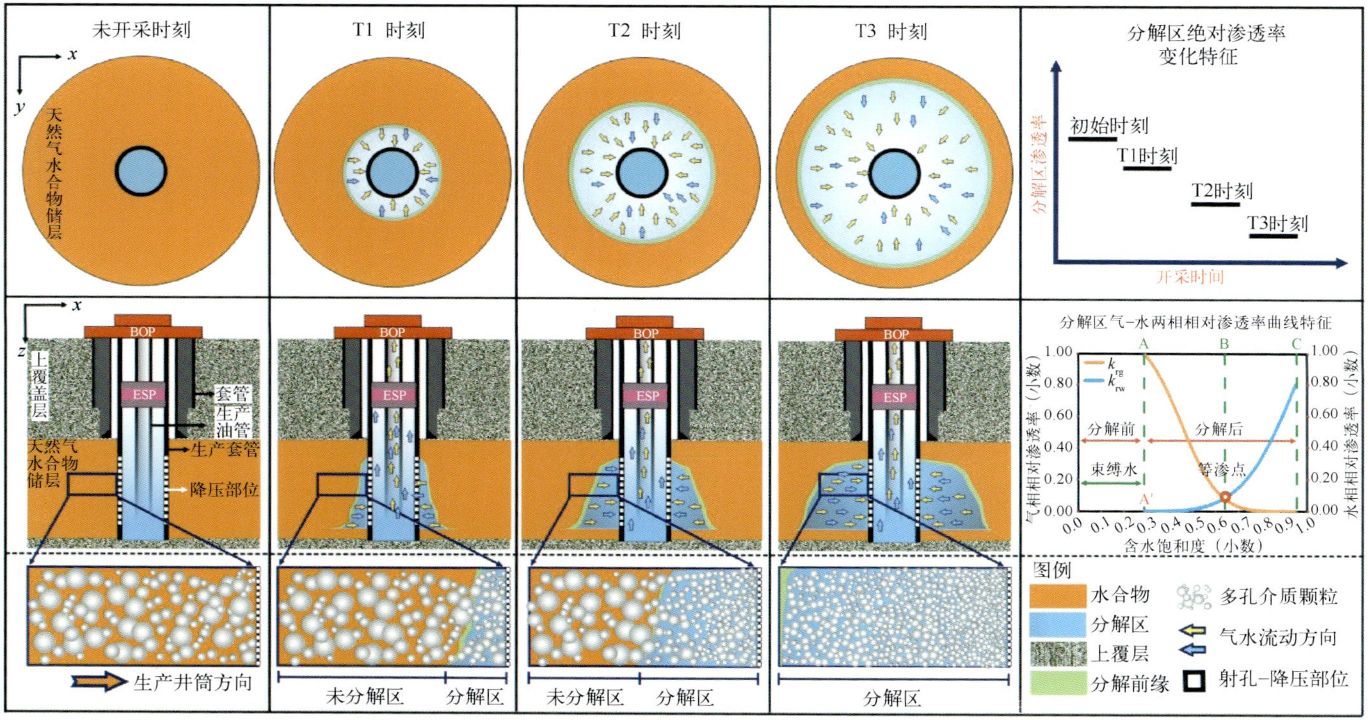

图1-4 天然气水合物降压开采模式

区内泥质粉砂多孔介质的气-水两相相对渗透率曲线参数的准确获取，是开展钻采前产能预测、开采中生产制度调整、开采后历史拟合等生产环节的重要基础参数，是制约该类型天然气水合物产气量的另一个关键要素。

综上，尽管国内外学者近年来在天然气水合物储层物性参数变化规律、渗流机理、产能模拟等多方面做过较为有特色的基础研究，但仍存在以下问题。

(1)缺乏真实储层样品，没有聚焦南海储层特征：缺少真实南海天然气水合物储层样品，基本依靠石英砂岩或数值模拟开展相应研究，实验模拟、数值模拟过程中未考虑具有泥质粉砂储层特征的未成岩、低渗透率、胶结性差等因素；

(2)蠕变多孔介质结构表征与储层物性关系认识不足：南海天然气水合物储层物性基础参数及其特征对整个开采过程起着主要的控制作用，尤其是天然气水合物分解区泥质粉砂多孔介质孔隙结构特征与孔隙度、渗透率等关键物性参数间的联系，现阶段的研究鲜有涉及；

(3)分解区井周储层结构变化与渗流规律研究不足：降压开采泥质粉砂型天然气水合物，生产井周分解区泥质粉砂多孔介质孔喉结构将会在不同驱替压力下发生变化，影响该区域渗流能力，而临界压力梯度值的求取以及分解区绝对渗透率与泥质粉砂蠕变多孔介质结构之间的变化关系研究尚不充分；

(4)分解区井周储层气-水两相相对渗透率评价不足：气-水两相相对渗透率曲线能够有效反映两相共存条件下某一相流体的渗流动态特征，然而现阶段对天然气水合物分解后从分解前缘至生产井筒这一范围内的泥质粉砂多孔介质气-水两相渗流规律缺乏认识，导致后续产能评价准确性降低。

针对上述存在问题，开展“天然气水合物降压开采储层多孔介质结构表征与渗流机理”研究，丰富适合我国地质条件的天然气水合物开采渗流基础理论，为我国尽早实现天然气水合物商业化开采提供支持。

2 天然气水合物分解区多孔介质微观结构表征

天然气水合物储层的性质直接影响其储量和产量，储层物性资料对整个开采过程起着主要的控制作用。因此，它对认识储层、评价储层、保护和改造储层，对地质勘探、开发方案的制定以及提高气采收率都有重大意义。因此，有效了解、掌握储层多孔介质物性参数和多孔介质中的流体渗流特性才能行之有效地进行开发方案设计。

在传统石油、天然气储层内，由于岩石骨架的复杂性，以致其骨架颗粒的几何形状不可能用表示其边界曲面的方程来确定，只能采用某些实验的方法来测量宏观(即平均)几何性质，如粒度组成、比面、孔隙度、渗透率等作为实际描述或反映多孔介质几何性质的参数。但是，我国南海北部神狐海域天然气水合物储层以泥质粉砂为主，矿物成分、孔隙结构也相对复杂，孔隙类型多样，具有渗透率低、塑性变形强烈、孔隙结构无骨架等特点。且在该套储层多孔介质中，不同程度存在着非常细小的微粒，以松散的颗粒形式处于孔壁或颗粒的内表面上，经调研、联系国内石油行业实验室，发现同行业内实验室进行孔隙度、渗透率、毛细管力、相对渗透率等参数测定使用的常规岩芯夹持器均不能填装此类样品，无法开展上述储层物性实验。这些因素给有效掌握天然气水合物开采过程中多相渗流规律带来了较大的困难。

本章首先利用背散射二维大面积扫描电镜成像(MAPS)、矿物定量分析技术(QEMSCAN)，获取天然气水合物分解后泥质粉砂多孔介质二维纳米尺度孔隙结构与矿物成分图像，定量分析样品的亚微米级孔隙特征与矿物成分组分构成。在此基础上，依托 CT 扫描和数字岩芯重构技术，对原始 CT 扫描图像进行预处理获得样品的二值化图像，用于模拟多孔介质孔隙度和绝对渗透率等储层关键物性参数，进而根据分形几何理论，从孔隙分布、非均质性和各向异性(分形维数，缺项和进相)等多角度对多孔介质的孔隙结构进行定量表征，初步揭示该套储层的微观渗流机理，建立相应数学物理模型，初步厘清多孔介质微观结构与宏观物性之间的关系，为后续研究提供基础支撑。

2.1 储层矿物及孔隙类型识别及分析

2.1.1 地质背景

本次研究中实验所选样品统一来自我国南海神狐海域试采区天然气水合物储层取样。南海北部神狐海域天然气水合物试采区距离香港特别行政区以南约 285 km，珠江口盆地珠二坳陷的白云凹陷(图 2-1)，水深1 266 m，海底温度在 2~4℃之间，地温梯度为 45~67.7℃/km，热流值为 60.84~96.11 mW/m^2，平均热流值为 76.72 mW/m^2，具备天然气水合物形成的温度、压力条件。

根据测井解释及样品测试结果(图 2-2、图 2-3)，神狐海域天然气水合物系统由 2 层组成，自上而下依次为：(a)储层上覆地层，1 295~1 495 m；(b)天然气水合物储层，包括上下两段，其中上段 1 495~1 530 m 由天然气水合物及孔隙水两相组成，下段 1 530~1 545 m 由天然气水合物、游离气及孔隙水三相组成。天然气水合物储层上段

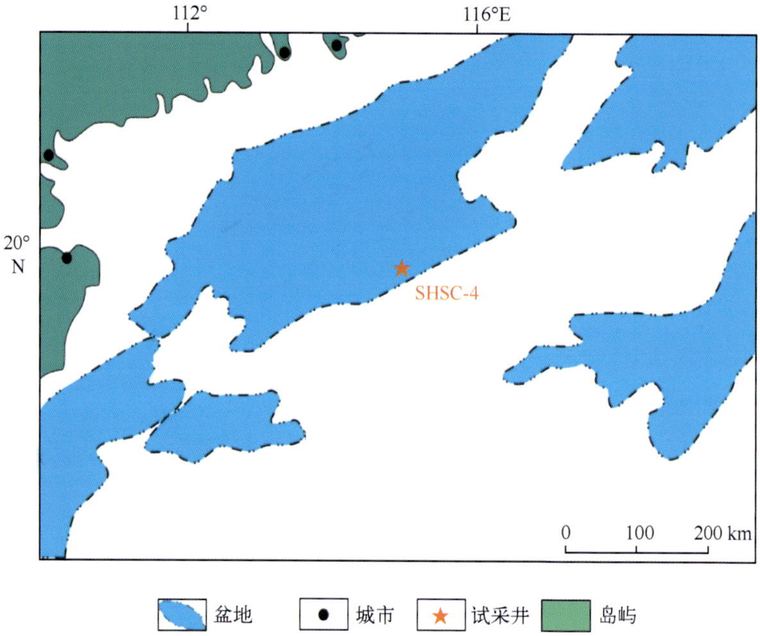

图 2-1　南海北部构造单元划分及 SHCS-4 天然气水合物试采井位置[44]

图 2-2　我国南海神狐海域天然气水合物储层泥质粉砂岩样品[84]

(1 495~1 530 m)平均有效孔隙度为 35%，平均含天然气水合物饱和度为 34%，平均渗透率为 2.9 mD；天然气水合物储层下段(1 530~1 545 m)平均有效孔隙度为 33.0%，含天然气水合物(气)饱和度 31%，平均渗透率约 1.5 mD[44]。

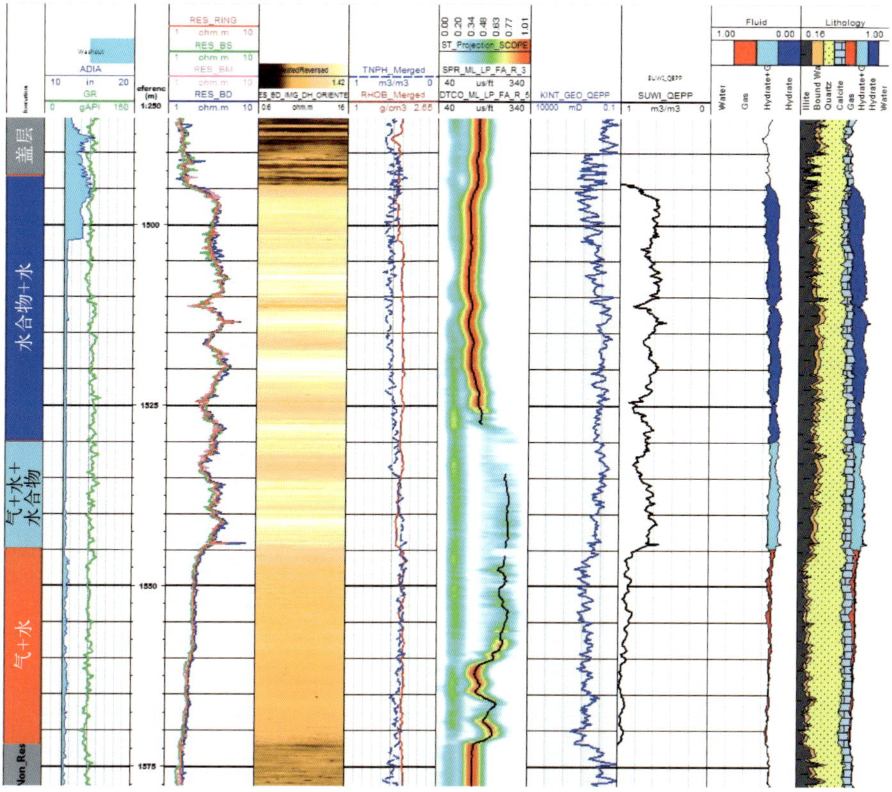

图 2-3　试采 SHSC-4 井综合测井曲线[44]

2.1.2　实验原理

本次研究中选取三块天然气水合物分解后的泥质粉砂样品用以孔隙结构与矿物质成分分析，均来自于我国南海北部海域天然气水合物试采区位于珠江口盆地珠二坳陷的白云凹陷。

如图 2-4 所示，本次研究使用的测试仪器为液滴形状分析仪 KRÜSS DSA100E，可以对润湿和涂覆过程中的固体和液体进行全面分析，获取润湿角和表面张力等参数。

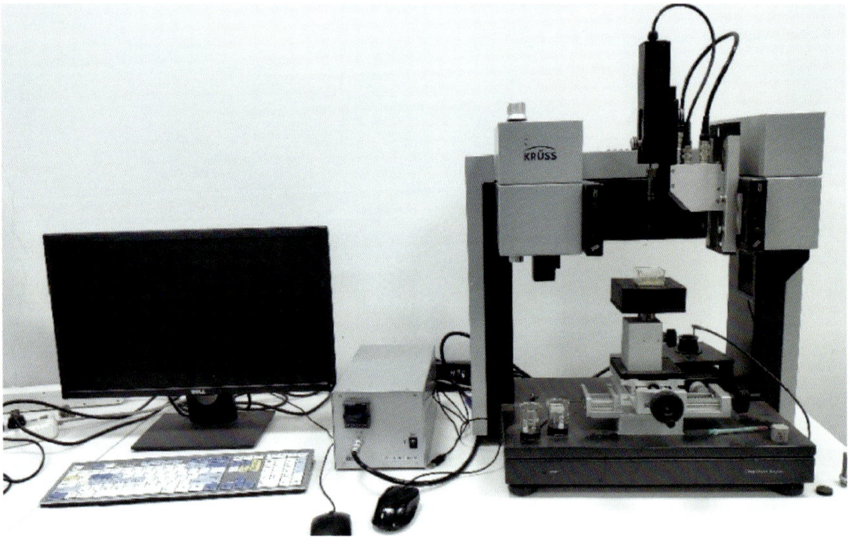

图 2-4　液滴形状分析仪 KRÜSS DSA100E

如图 2-5 所示，本次研究使用的测试仪器为 Helios NanoLab 650 型聚焦离子束扫描电镜，该设备拥有超高分辨率二维和三维表征、高质量样品制备和非常规储层纳米级孔隙成像分析能力。背散射二维多尺度扫描电镜成像是针对需要大面积观察的含有多尺度孔隙结构的样品，通过上述扫描电镜在选定区域内排布扫描出一系列连续且边缘重叠的大量高分辨率的小图像，扫描完成以后将这些小图像进行拼接进而得到一张超高分辨率、超大面积的二维背散射电子图像。可在二维平面内，多尺度地了解岩石骨架微细孔隙分布区域、孔喉大小、微裂缝构造及分布特征。

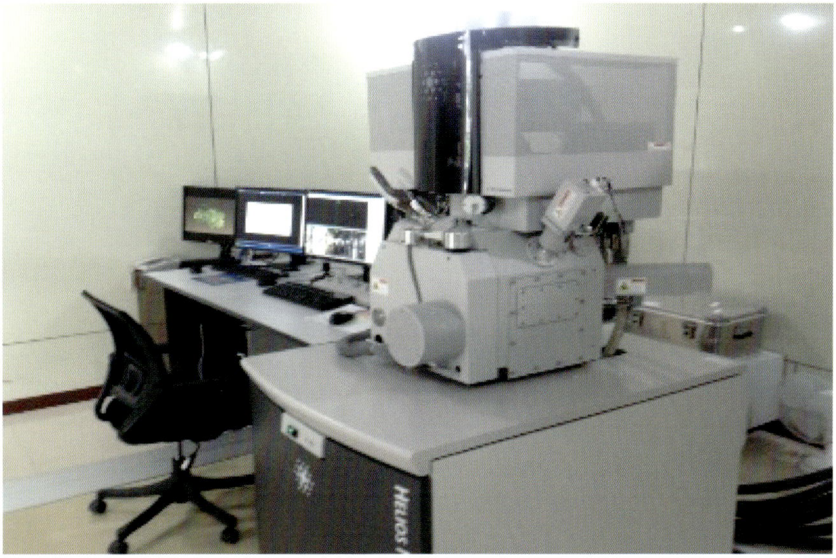

图 2-5 聚焦离子束扫描电镜(NanoLab 650)

如图 2-6 所示，本次研究使用的测试仪器为 QEMSCAN 650F 型矿物定量分析仪，它能够通过沿预先设定的光栅扫描模式加速的高能电子束对样品表面进行扫描，并得出矿物集合体嵌布特征的彩图。仪器能够发出 X 射线能谱并在每个测量点上提供出元素含量的信息。通过背散射电子图像灰度与 X 射线的强度相结合能够得出元素的含量，并转化为矿物相，最小分析微区可达 30 nm×30 nm。

由于天然气水合物储层分解后泥质粉砂多孔介质松软且见水即散，烘干后其黏土胶结收缩会产生微裂缝，由此在电镜样品制备过程中采取有针对性的措施：防止黏土失水；注胶采用双面两次注胶，使环氧树脂能较好充满孔隙；采用干磨法进行打磨，防止颗粒见水后脱落；制成直径为 20 mm 的薄片样品(图 2-7)。

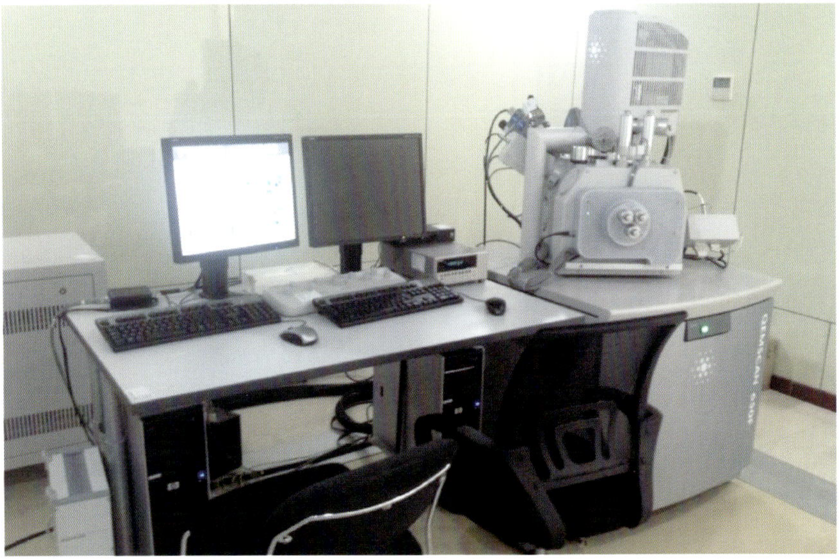

图 2-6　矿物定量分析仪(QEMSCAN 650F)

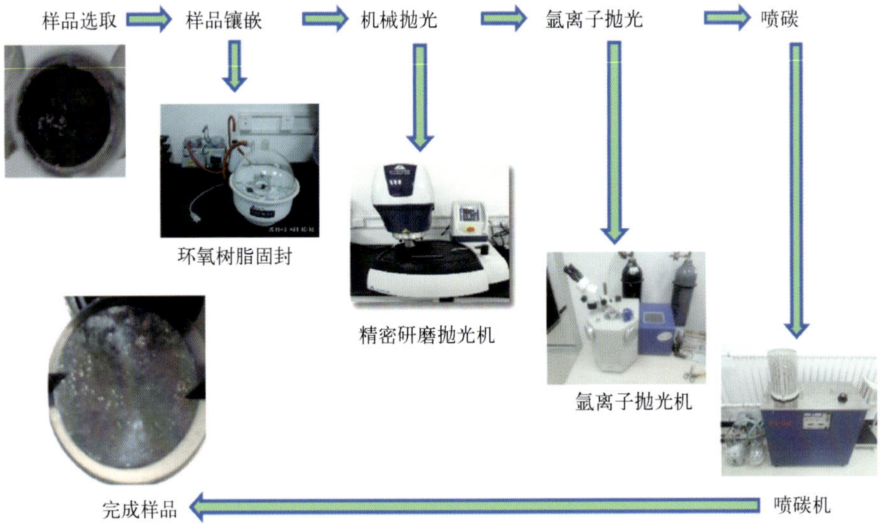

图 2-7　泥质粉砂样品电镜制样流程

2.1.3 实验结果

2.1.3.1 1号样品实验结果

如图2-8所示，1号样品的两侧平均润湿角为53.9°，表现出了较强的水湿特征。如图2-9所示，使用MAPS扫描得到的1号样品的电镜灰度图像。该图共使用1 230张单次扫描图像组合为整体图像，单张图像的像素数为2 048×1 768，视野范围为0.4 mm×0.34 mm；整体图像的像素数为56 347×68 053，视野范围为11.47 mm×13.72 mm；图像的像素分辨率为195 nm。

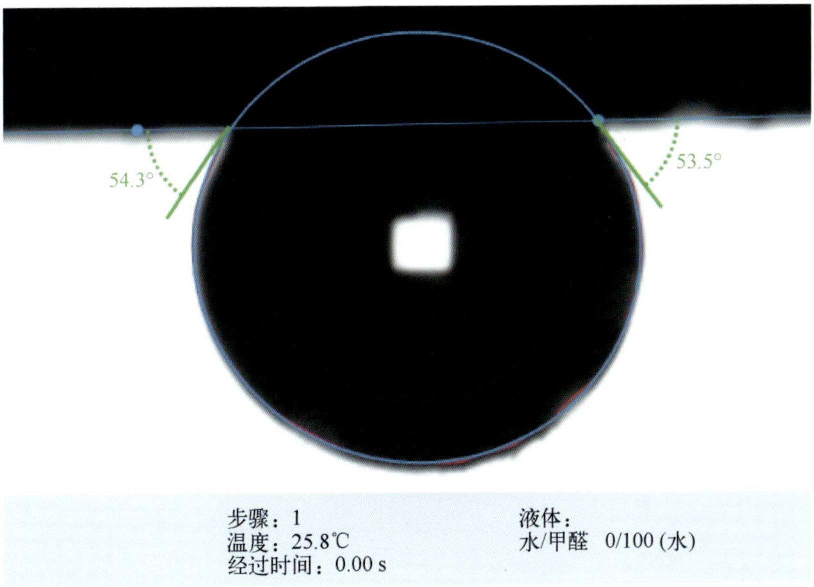

图2-8 1号样品润湿角测量

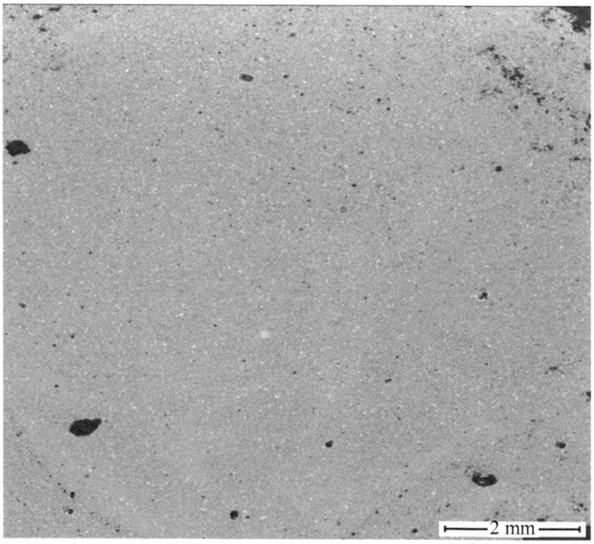

图 2-9　1 号样品 MAPS 扫描灰度图像

如图 2-10 所示，为了排除制样过程中产生的大孔隙及提高计算效率，将 1 号样品原始 MAPS 灰度图像进行截取，再对其进行二值化分割，划分出孔隙与颗粒基质，得到 1 号样品的二值化的二维孔隙分布的分割图像，得到该样品的面孔率为 16.78%。

如图 2-11 所示，在此基础上，计算得出 1 号样品二维孔隙尺寸图，模拟计算结果表明样品孔隙分布呈正态分布；平均孔隙半径为 1.543 μm，中值半径为 1.341 μm；小于 1 μm 的孔隙占比大于 40%，以黏土孔隙为主，较大的化石孔占比并不多。

图 2-12 为 1 号样品 QEMSCAN 扫描结果图，扫描精度为 5 μm，扫描区域为 11 mm×11 mm。矿物成分以石英为主，含量不超过 50%，长石占比为 12.16%，碳酸盐含量为 15.37%；黏土含量接近 20%，黏土矿物以伊利石为主，并含 6.98%的云母。

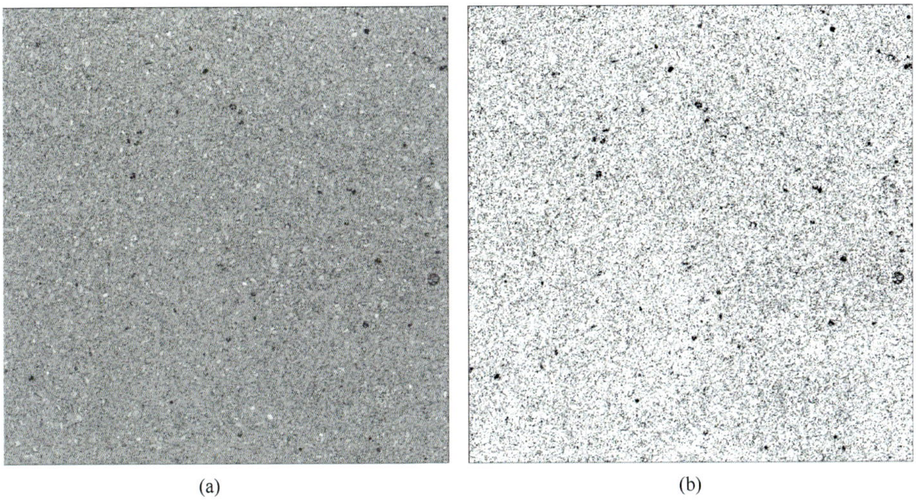

图 2-10　MAPS 二维孔隙分割示意

(a)截取后 MAPS 原始灰度图像；(b)二值化孔隙分割图

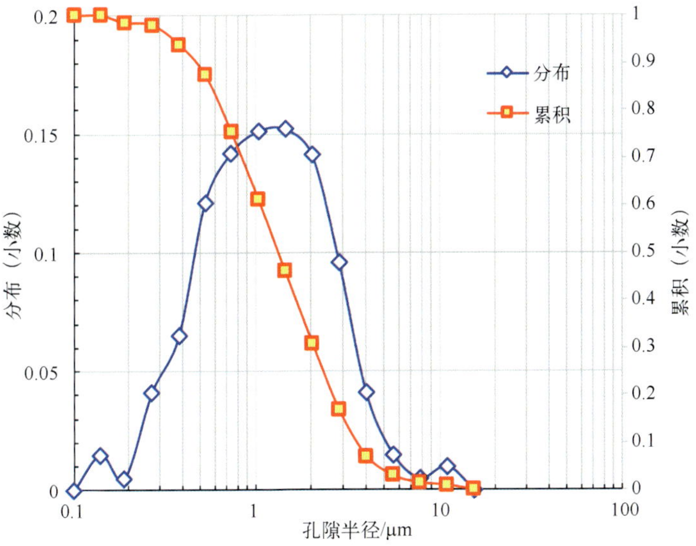

图 2-11　1 号样品孔隙尺寸分布与累积图

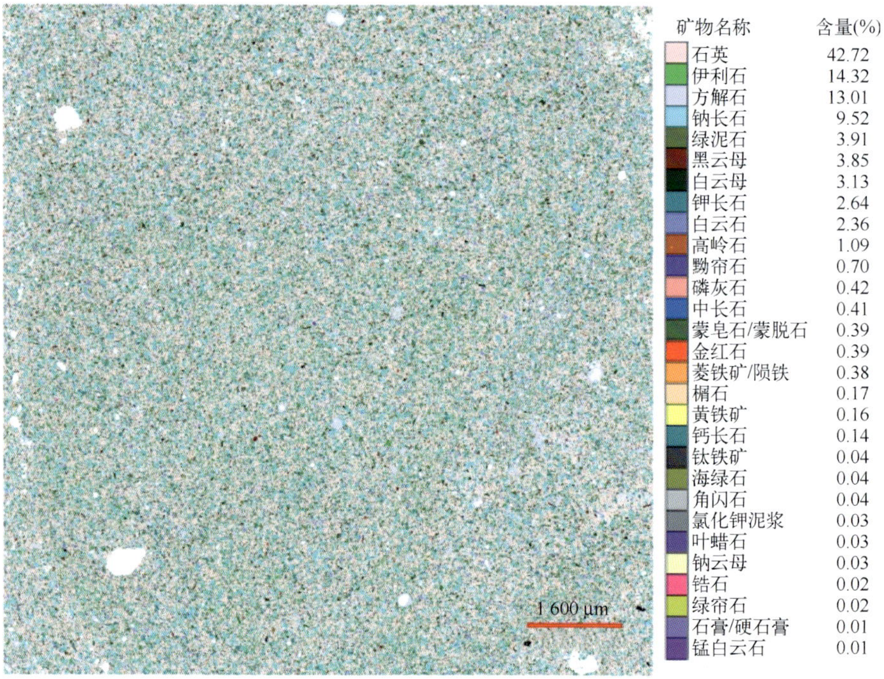

图 2-12　1 号样品 QEMSCAN 扫描成像结果

2.1.3.2　2 号样品实验结果

如图 2-13 所示，2 号样品的两侧平均润湿角为 46.5°，表现出了较强的水湿特征。

图 2-14 为使用 MAPS 扫描得到的 2 号样品的电镜灰度图像。共使用 1 152 张单次扫描图像组合为整体图像，单张图像的像素数为 2 048×1 768，视野范围为 0.4 mm×0.34 mm；整体图像的像素数为 59 032×57 733，视野范围为 11.84 mm×11.49 mm；图像的像素分辨率为 195 nm。

如图 2-15 所示，同 1 号样品一致，将 2 号样品原始 MAPS 灰度图像进行截取，再对其进行二值化分割，划分出孔隙与颗粒基质，得到二值化的二维孔隙分布的分割图像，该样品的面孔率为 24.14%。

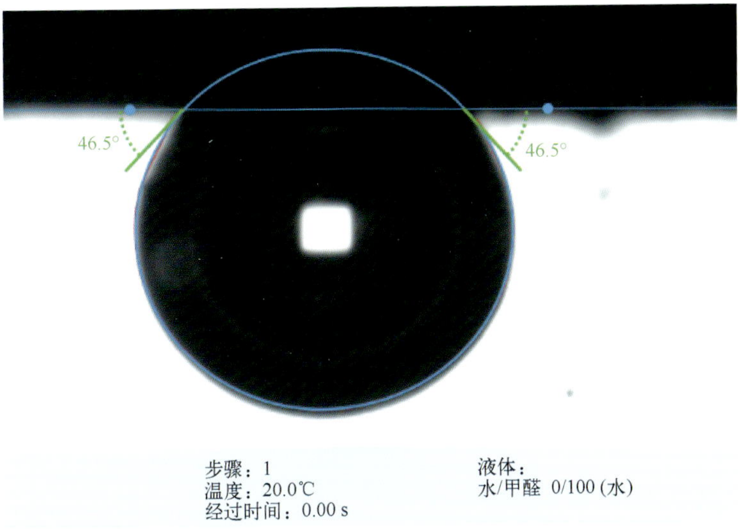

图 2-13　2 号样品润湿角测量

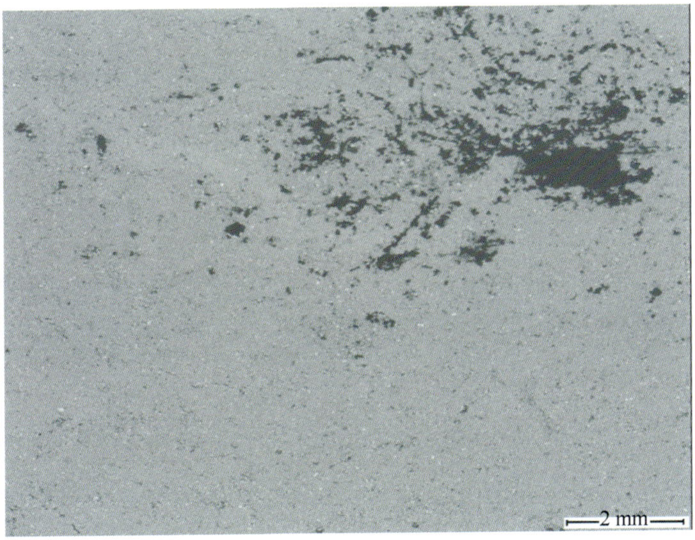

图 2-14　2 号样品 MAPS 扫描灰度图像

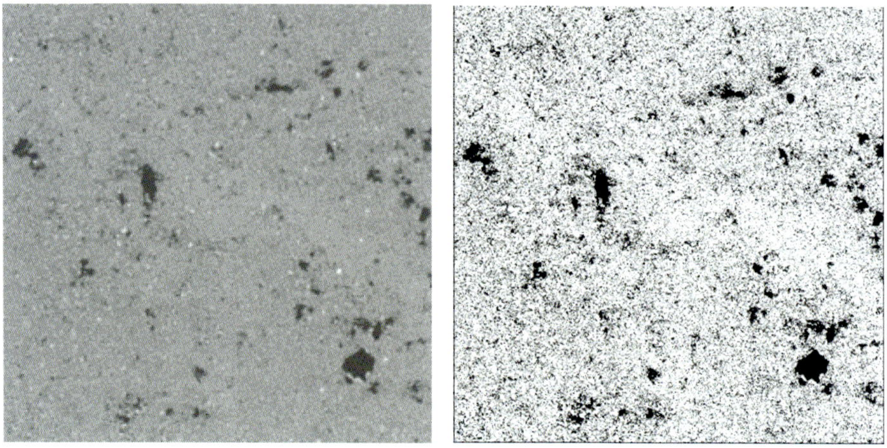

(a) (b)

图 2-15 MAPS 二维孔隙分割示意

(a)截取后 MAPS 原始灰度图像；(b)二值化孔隙分割图

如图 2-16 所示，在此基础上，计算得出 2 号样品二维孔隙尺寸图，模拟计算结果表明样品孔隙分布呈正态分布；平均孔隙半径为 4.1 μm，中值半径为 1.23 μm；小于 1 μm 的孔隙占比大于 50%，同样以黏土孔隙为主，较大的化石孔占比并不多。

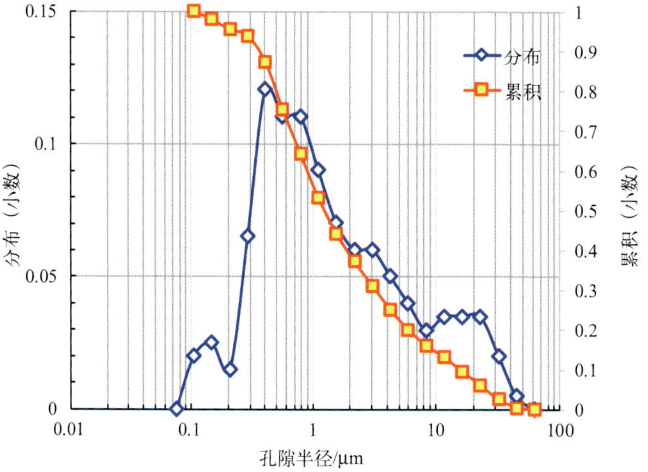

图 2-16 2 号样品孔隙尺寸分布与累积图像

图 2-17 为 2 号样品 QEMSCAN 扫描结果图，扫描精度为 5 μm，扫描区域为 11 mm×11 mm。矿物以石英为主，含量不超过 35%，长石占比为 9.89%，碳酸盐含量为 13.74%；黏土含量与 1 号样品相变明显增多，占比接近 30%，同样矿物以伊利石为主，并含有 10.3%的云母。

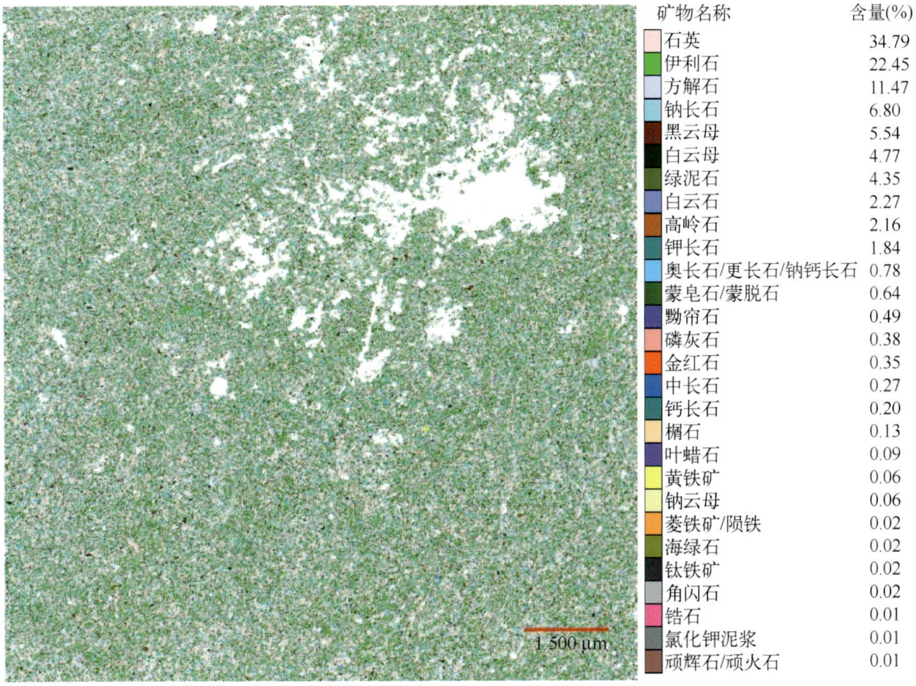

图 2-17　2 号样品 QEMSCAN 扫描成像结果

2.1.3.3　3 号样品实验结果

如图 2-18 所示，3 号样品的两侧平均润湿角为 48.1°，表现出了较强的水湿特征。

图 2-19 为使用 MAPS 扫描得到的 3 号样品电镜灰度图像。共使用 1 023 张单次扫描图像组合为整体图像，单张图像的像素数

为 2 048×1 768，视野范围为 0.4 mm×0.34 mm；整体图像的像素数为 57 204×52 777，视野范围为 11.47 mm×10.54 mm；图像的像素分辨率为 195 nm。

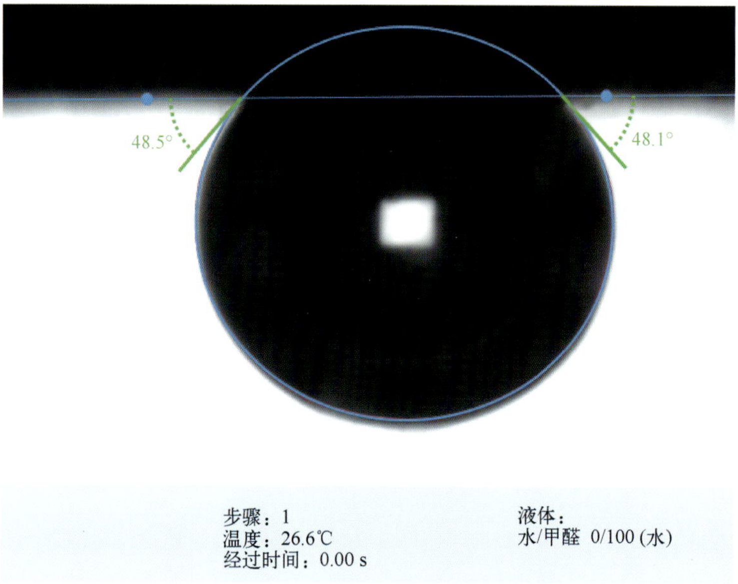

图 2-18　3 号样品润湿角测量

如图 2-20 所示，同 1 号、2 号样品一致，将 3 号样品原始 MAPS 灰度图像进行截取，再对其进行二值化分割，划分出孔隙与颗粒基质，得到二值化的二维孔隙分布的分割图像，该样品的面孔率为 20.77%。

如图 2-21 所示，同理计算得出 3 号样品二维孔隙尺寸图，模拟计算结果表明样品孔隙分布呈正态分布；平均孔隙半径为 2.86 μm，中值半径为 0.5 μm；与上述 2 个样品均不同，小于 1 μm 的孔隙占比大于 70%，以粒间孔隙为主，较大的化石孔占比并不多。

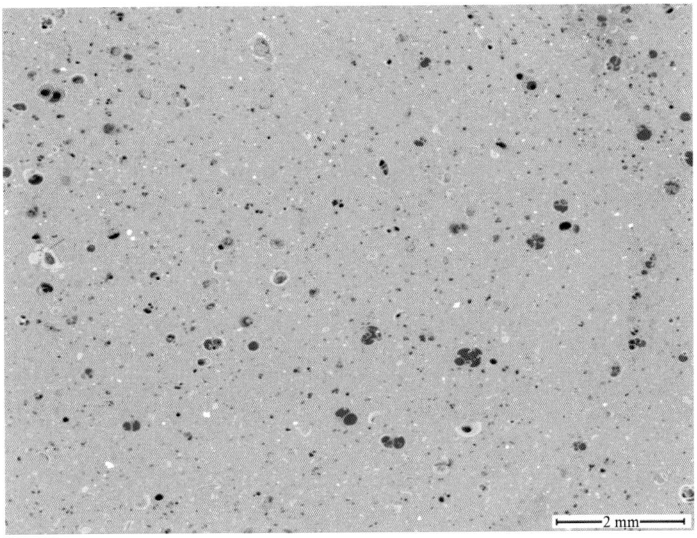

图 2-19 3 号样品 MAPS 扫描灰度图像

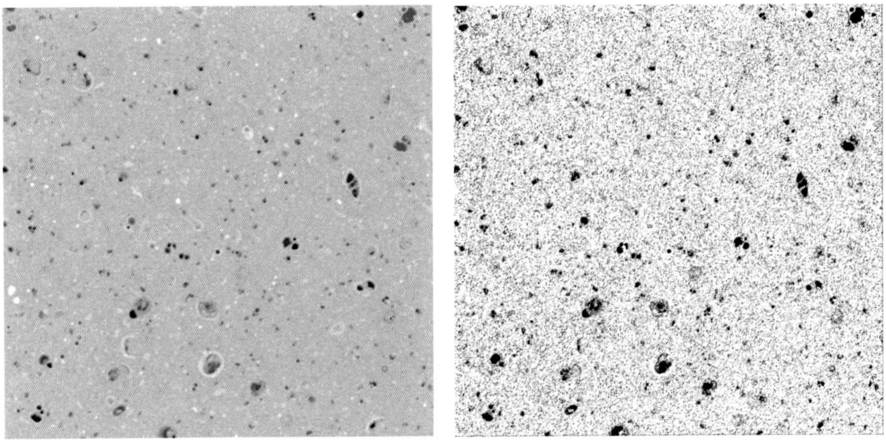

(a) (b)

图 2-20 MAPS 二维孔隙分割示意

(a)截取后 MAPS 原始灰度图像；(b)二值化孔隙分割图

图 2-22 为 3 号样品 QEMSCAN 扫描结果图，扫描精度为 5 μm，扫描区域为 11 mm×11 mm。与前两块样品不同，矿物以碳酸盐为主，碳

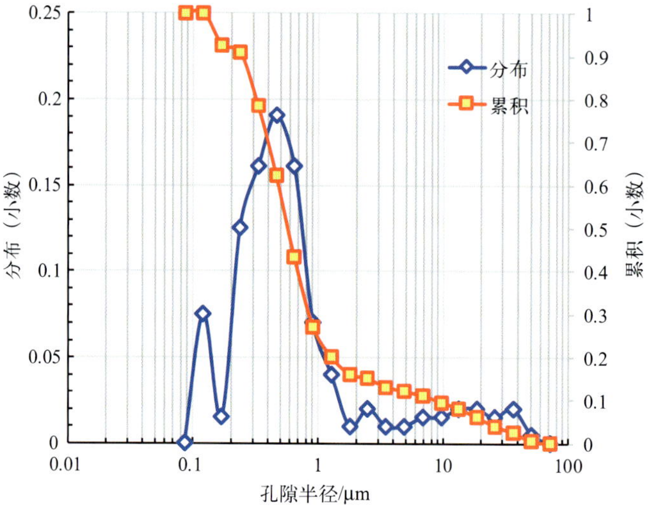

图 2-21　3 号样品孔隙尺寸分布与累积图

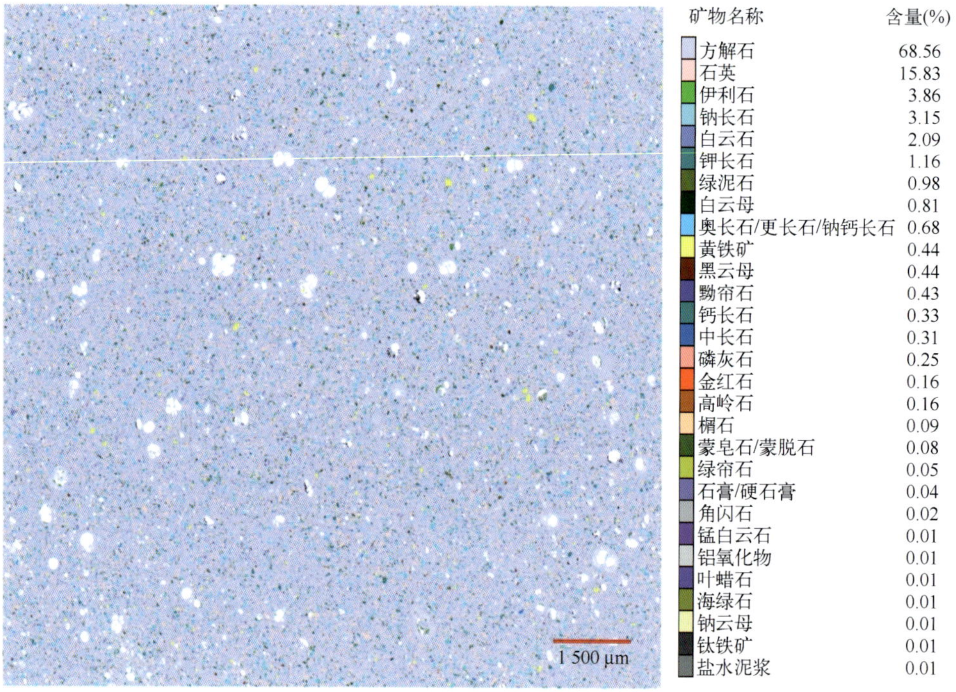

图 2-22　3 号样品 QEMSCAN 扫描成像结果图

酸盐含量为71%，石英含量不超过16%，长石占比为5%，黏土含量相对较少，接近5.1%，黏土矿物主要以伊利石为主。

2.1.4 典型矿物与孔隙类型

如图2-23、图2-24所示，观察3块样品不同尺度的MAPS图像及对比相应矿物分析结果，储层石英长石颗粒相对较大，磨圆度差；有孔虫化石以方解石为主；黏土以伊利石为主，颗粒较小，充填于石英、长石之间。

图2-23 储层样品典型矿物面

图2-25为储层不同孔隙形态电镜图片展示，三块样品不同尺度的MAPS图像可以将泥质粉砂岩储层孔隙类型分为：较大尺寸的生物化石孔、黏土孔、石英粒间孔、方解石溶蚀孔以及云母晶间孔等。黏土孔以及生物化石孔在总孔隙中占比较大。

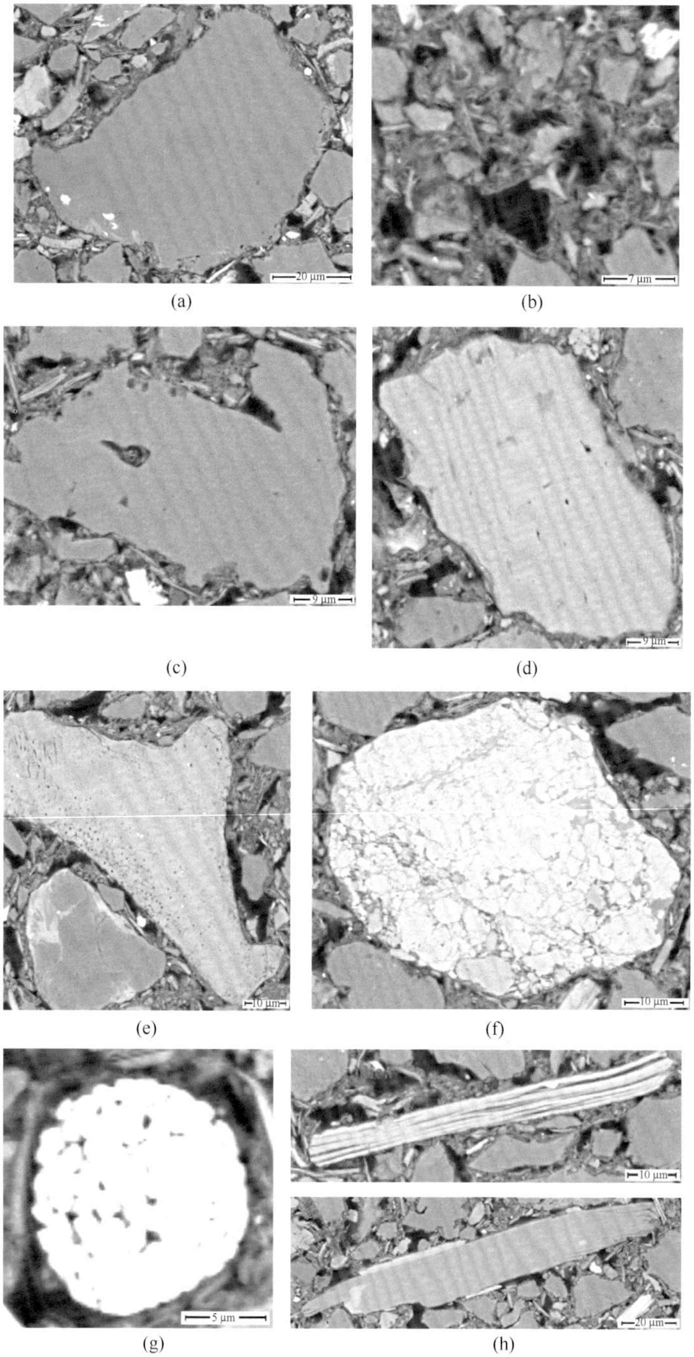

图 2-24　不同储层矿物

(a)石英；(b)黏土(以伊利石为主)；(c)钠长石；(d)钾长石；(e)方解石；(f)方解石；(g)黄铁矿；(h)云母

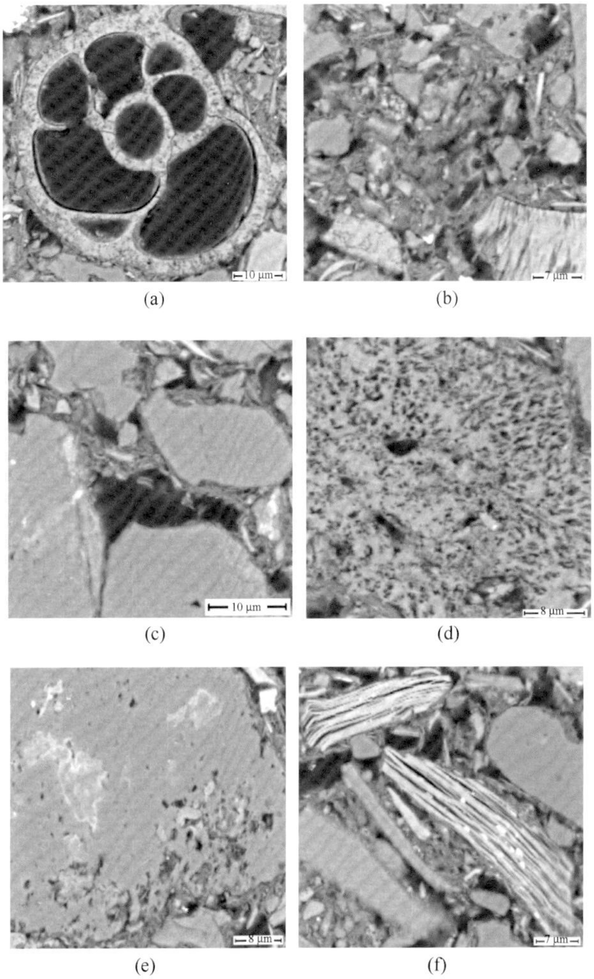

图 2-25　不同类型储层孔隙

（a）生物化石孔；（b）黏土孔；（c）石英粒间孔；（d）方解石溶蚀孔；（e）长石溶蚀孔；（f）云母晶间孔

图 2-26 为采集的形态不同的生物碎屑化石，南海天然气水合物泥质粉砂储层中微生物化石较多，以有孔虫为主，可以作为较好的储集空间，但是其与孔隙喉道的联通关系有待进一步研究。

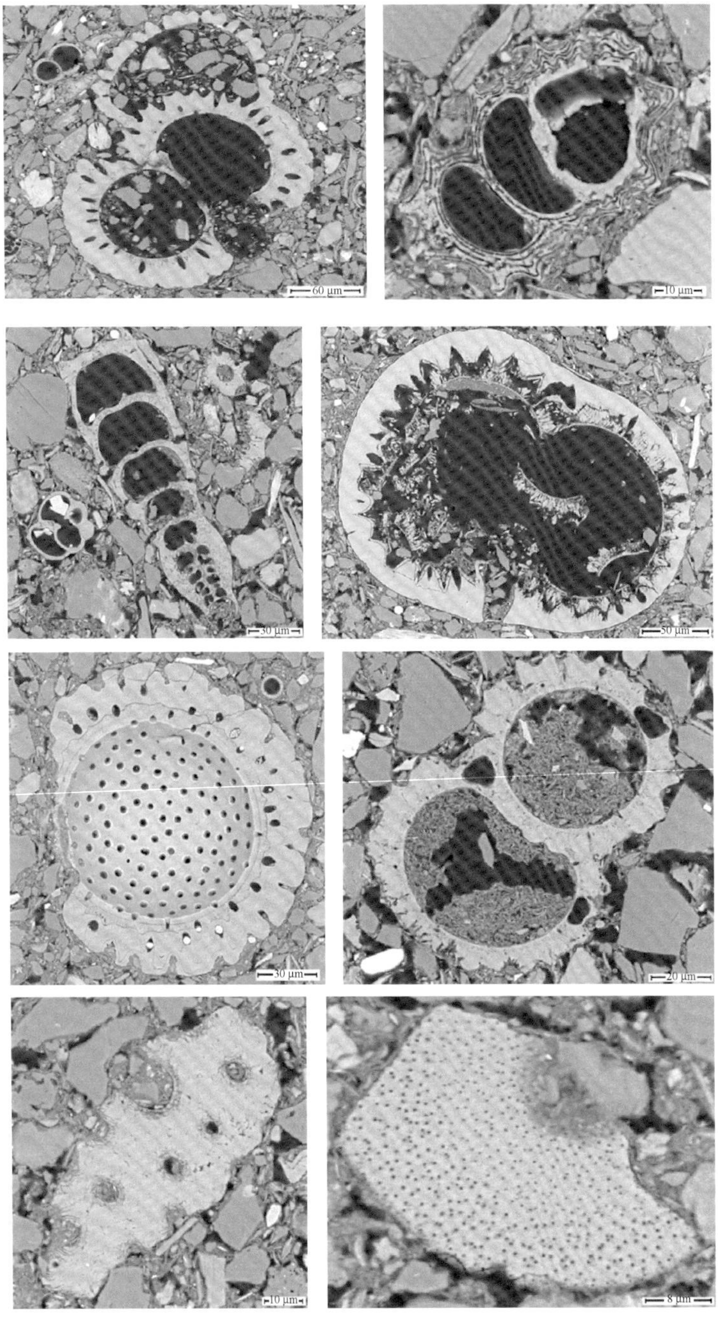

图 2-26　不同形态的储层化石

2.1.5 对比分析

如图 2-13、图 2-18、图 2-27 所示，三块样品润湿角差异较小，均表现出明显的水湿特征。

如图 2-27、图 2-28 所示，综合对比三块样品的矿物信息，不同储层样品矿物含量及分布区别较大：1 号样品、2 号样品矿物性质类似，石英含量较高，黏土次之；3 号样品以碳酸盐为主，其次为石英和黏土；三个样品黏土矿物成分以伊蒙混层为主，含量超过 75%。

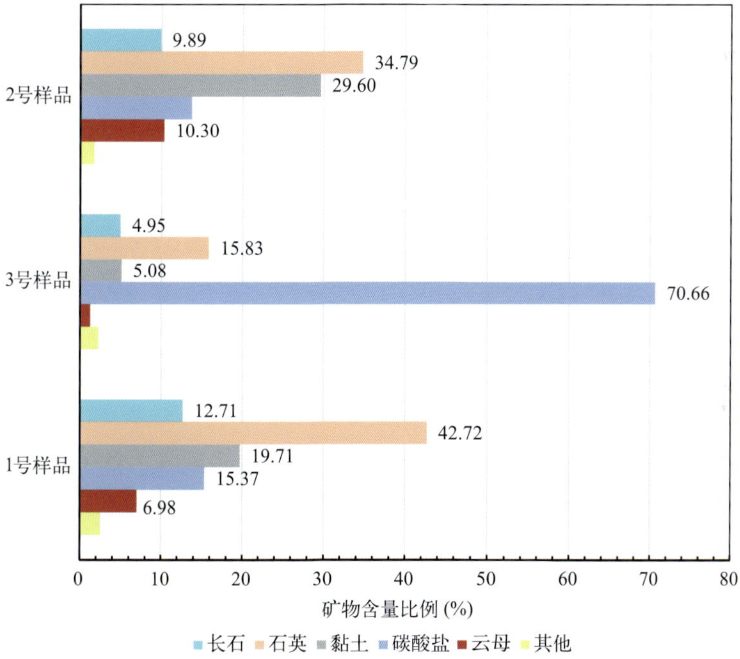

图 2-27　不同样品矿物含量百分比

如图 2-29、图 2-30、表 2-1 所示，综合对比三块样品的二维孔隙分布信息，不同储层样品孔隙分布区别也较大：在纳米级别的 SEM 图像下，三块样品皆存在着大量的亚微米级孔隙，1 号样品亚微米级孔隙占比 38. 9%，2 号样品占比 45%，3 号样品储层矿物以碳酸盐为主，其亚微米级孔隙占比高达 75%。

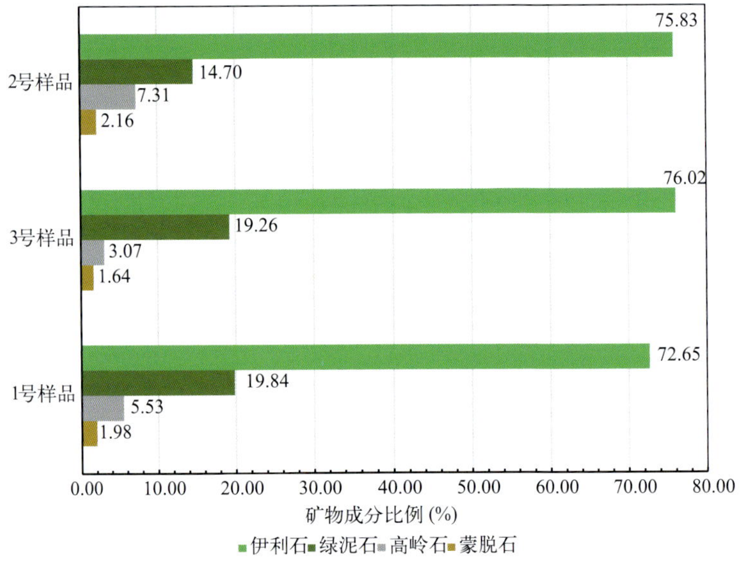

图 2-28　不同样品黏土矿物成分百分比

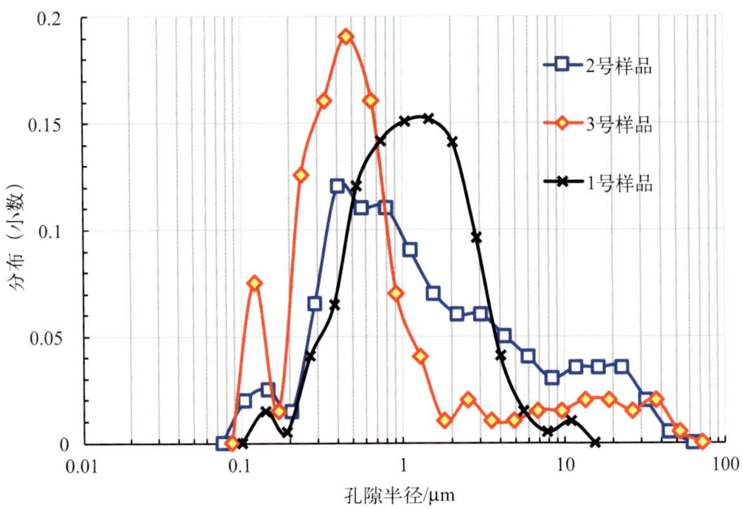

图 2-29　孔隙半径分布对比

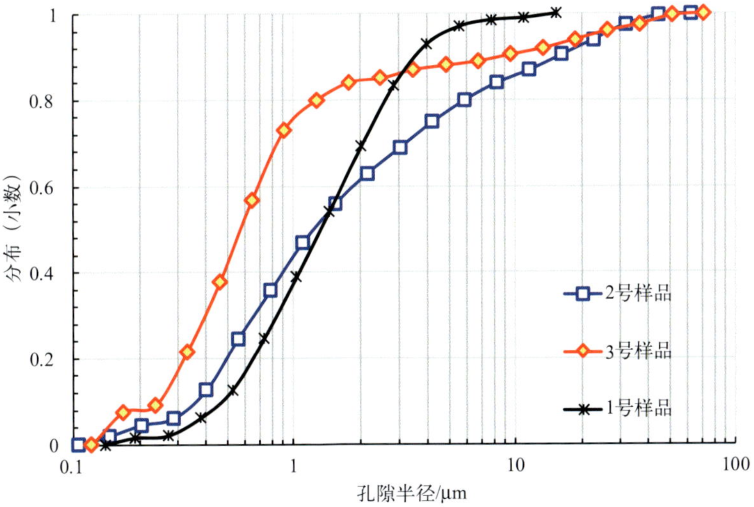

图 2-30　孔隙半径累积分布对比

表 2-1　样品孔隙半径参数对比

样品号	面孔率(%)	平均孔隙半径/μm	中值孔隙半径/μm	亚微米孔隙占比(%)
1	16.78	1.543	1.341	38.9
2	24.14	4.1	1.23	45
3	20.77	2.86	0.6	75

综上所示，对于天然气水合物分解区来说，黏土矿物含量高，且以伊蒙混合占绝对主导地位，该特点将增大天然气水合物分解水与黏土矿物相互作用，堵塞孔喉道，引起绝对渗透率、有效渗透率降低的风险，对开发是一个不利的因素；同时，小于 1 μm 的亚微米级孔隙在储层中占主导地位，与常规砂岩储层相比，该类型天然气水合物分解后的气、水在此类储层孔喉道中的流动难度将会显著提高，增大了开发的难度。由此可见，在该类型储层中进行天然气水合物的降压开采

非常具有挑战性。

2.2 多孔介质数字岩芯构筑及物性参数识别

在天然气水合物储层的实际开发生产过程中，天然气水合物分解完全后气-水两相流动是一个复杂的渗流过程，对渗流过程造成影响的因素众多，导致难以探究明晰其渗流机理，且天然气水合物多孔介质在开发过程中存在颗粒运移，产生缓慢的蠕变，多孔介质不同的蠕变特性使天然气水合物开采机理的研究更为复杂。

在本次研究中，我们针对南海北部神狐海域无固结泥质粉砂储层天然气水合物分解后产生的以及原位不含天然气水合物的泥质粉砂岩储层内原位岩芯，考虑天然气水合物储层多孔介质的复杂微观结构及其在开发时的蠕变特性，发挥 CT 扫描技术可获得岩芯准确三维结构的优势，利用 CT 扫描技术获取不同层位的 6 块储层岩芯结构图像并分析多孔介质微观结构，直观地观察多孔介质中孔隙尺寸及形状的多样性。

2.2.1 实验原理

数字岩芯技术始于 20 世纪 50 年代，主要基于逾渗理论对微观孔隙结构和渗流进行研究，是一项应用于能源与矿产资源领域的新兴岩芯分析技术。21 世纪初，由于微米成像技术能够将微观孔隙结构以数字化图像直接表达，数字岩芯由理论研究工具转化为实际应用技术。利用数字岩芯分析技术可进行岩石特性参数计算及渗流特性模拟。

2.2.1.1 CT 扫描技术

计算机断层扫描(Computed Tomography)可通过 X 射线束透射物体，在被测物体无损的条件下得到被测物体的密度分布图像。图像能够对真实岩芯内部孔隙空间的发育特征，如孔隙喉道大小、连通性、形态特征等进行分析，从而得到建立数字岩芯和孔隙网络模型的重要资料。其工作过程如下。

将样品固定好后，开启 X 射线源，由射线源发出的射线穿过样品，X 射线强度衰减后照射到探测器上，该信号被图像获取软件自动捕获并存储。之后，将样品精确旋转一定角度，重新扫描并记录衰减后的 X 射线，累计旋转 360°后结束实验过程(图 2-31)。X 射线穿过物质发生的衰减程度遵循比尔定律。本次研究选用的是 MicroXCT-200 微米 CT (图 2-32)。

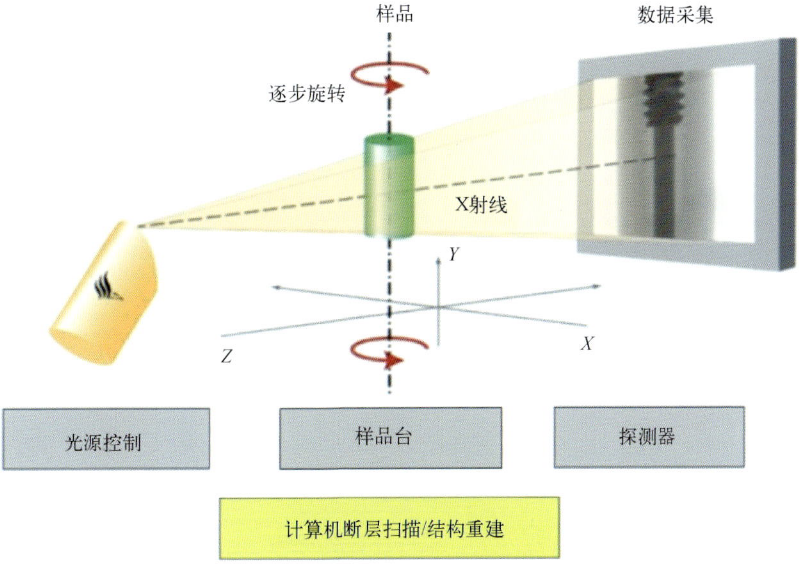

图 2-31　计算机断层扫描成像原理示意

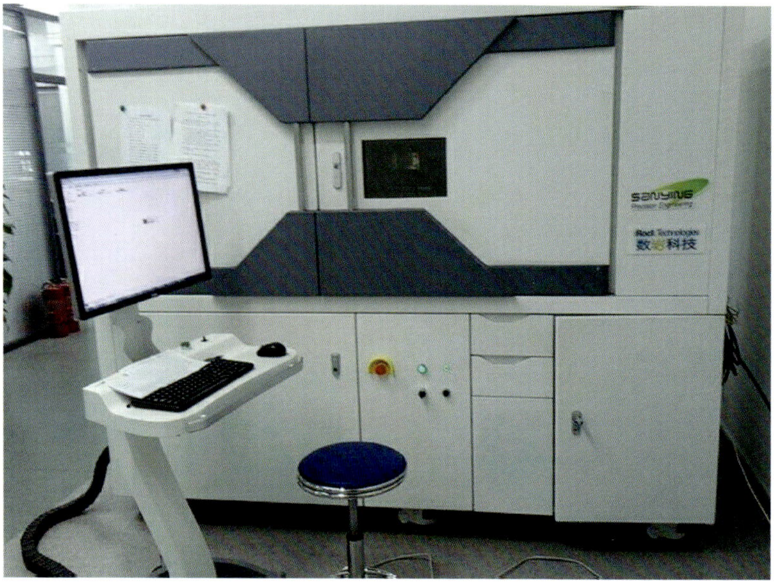

图 2-32　微米 CT 扫描仪

2.2.1.2　数据处理

如图 2-33 所示，首先将样品进行整体低精度扫描或者在整体岩芯上钻取直径为 2 mm、5mm 的小样品进行高精度扫描。然后，根据扫描得到的数据进行图像、动画处理，孔隙网络模型建立，孔喉参数计算及渗流模拟计算。

1）三维图像分析与处理

利用图像分割技术，对重构出的三维微米级灰度图像进行二值化分割，划分出孔隙与颗粒基质，得到可用于孔隙网络建模与渗流模拟的分割图像。图像中明亮的部分代表高密度物质，深黑部分代表孔隙结构。进而通过对灰度图像进行区域选取、降噪处理，将孔隙区域用彩色渲染；将图像分割与后处理，提取出孔隙结构之后的二值化图像，黑色区

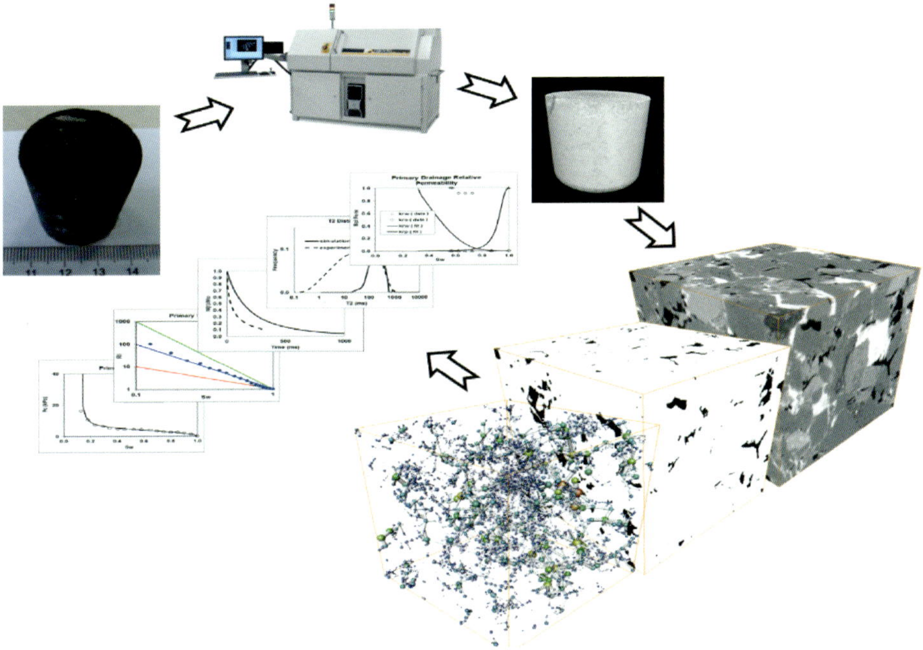

图 2-33 微米 CT 分析工作流程

域代表孔隙，白色区域代表基质。

2) 三维可视化处理

三维可视化的目的在于将数字岩芯图像的孔隙与颗粒分布结构用最直观的方式呈现。利用 Avizo 三维可视化工具，选取适当的分割方法可以将实际样本中的不同密度的物质按照灰度区间分割，并直观地呈现各组分的三维空间结构。

3) 三维孔隙网络模型建立

孔隙网络模型建立是通过“最大球法”，从二值化的三维岩芯图像中提取出结构化的孔隙和喉道模型，该模型保持了原三维岩芯图像的孔隙分布特征以及连通性特征，如图 2-34 和图 2-35 所示。

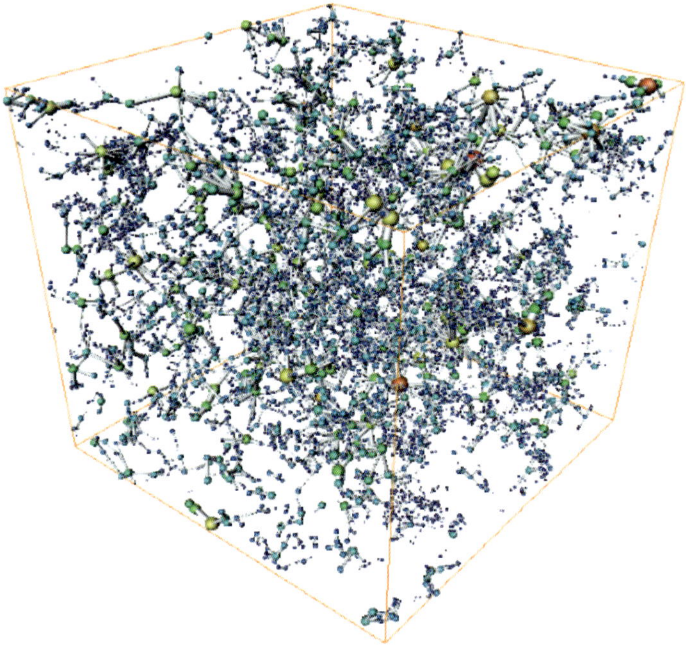

图 2-34　孔隙网络模型示意

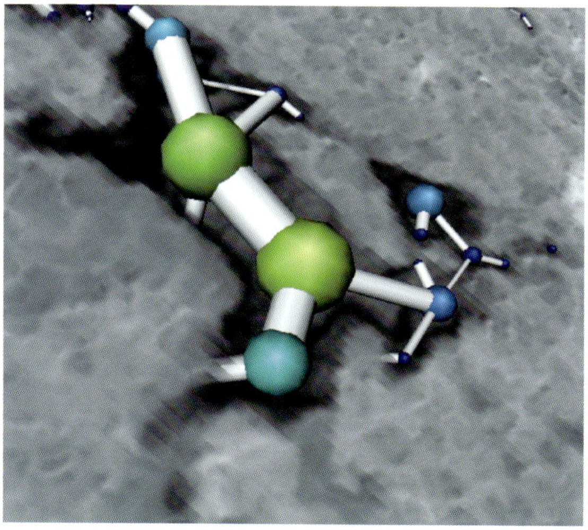

图 2-35　三维孔隙填充示意

如图 2-36、图 2-37 所示，整个岩芯内部孔隙结构将通过相互交叠及包含的球串来表征孔隙网络结构中的“孔隙”和“喉道”的确立是通过

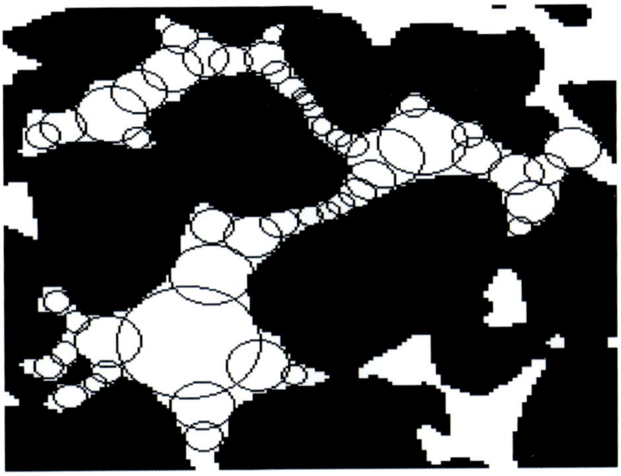

图 2-36 “最大球”法提取孔隙网络结构

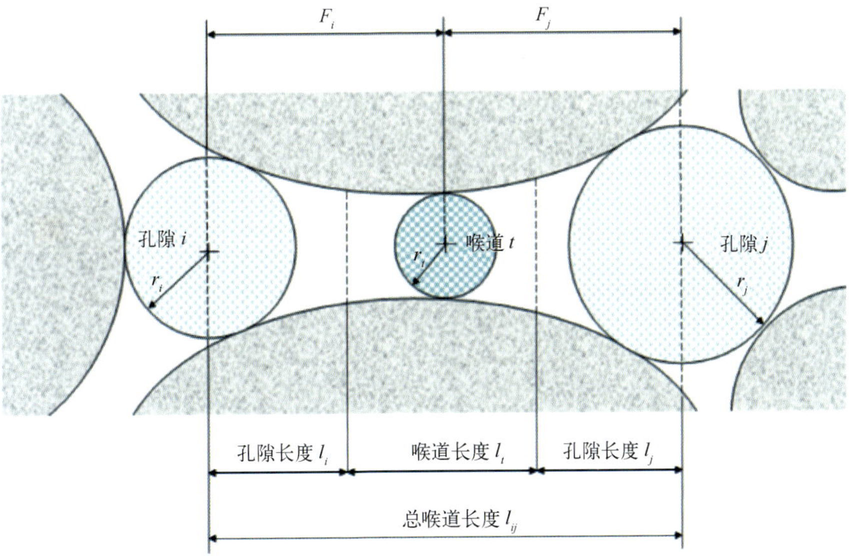

图 2-37 孔隙与喉道划分

在球串中寻找局部最大球与两个最大球之间的最小球，从而形成“孔隙-喉道-孔隙”的配对关系来完成，最终简化成为以“孔隙”和“喉道”为单元的孔隙网络结构模型，对于形状不规则的孔隙和喉道可利用形状因子来存储不规则孔隙和喉道的形状特征。

在孔隙网络模型中，用规则几何体来代表岩芯中的真实孔隙和喉道时，要求规则几何体的形状因子与孔隙和喉道的形状因子相等。尽管规则几何体在直观上与真实孔隙空间差异较大，但其具有孔隙空间的几何特征。

4)孔喉参数计算

根据提取的孔隙网络，统计孔隙网络尺寸分布，分析网络连通特性，掌握其孔隙结构与连通性，具体包括：

(1)尺寸分布：包括孔隙和喉道半径分布、体积分布，喉道长度分布，孔喉半径比分布，形状因子分布等；

(2)连通特性：包括孔隙配位数分布，欧拉连通性方程曲线；

(3)相关特性：对孔喉尺寸、体积、长度等任意两个物理量之间进行相关性分析。

2.2.2 图像提取

本次研究使用北京数岩科技 MicroXCT-200 微米 CT 扫描仪，按照上述实验流程，首先获得了 6 块不同层位水合物分解后泥质粉砂储层样品原始 CT 扫描图像，如图 2-38 所示。

在此基础上，对原始图像进行提取、滤波、二值化等[140, 141]预处理，有效减小孤立的小像素数目，降低孤立小孔隙及固体颗粒的数目，进一步获取样品孔隙空间结构图像。如图 2-39 所示，图中黑色部分代表孔隙，白色部分代表骨架，由于泥质粉砂多孔介质由颗粒较小、分选性较好的粉砂颗粒组成，则颗粒间孔表现出较规则较小的球形，且天然气水合物储层在成岩过程中受微生物改造影响大，存在着较多的类球形生物碎屑以及碎屑间孔。由此，与常规砂岩储层的粒间不规则孔隙不同，泥质粉砂多孔介质孔隙形态大多呈现较规则的球形，且分布较为均匀。

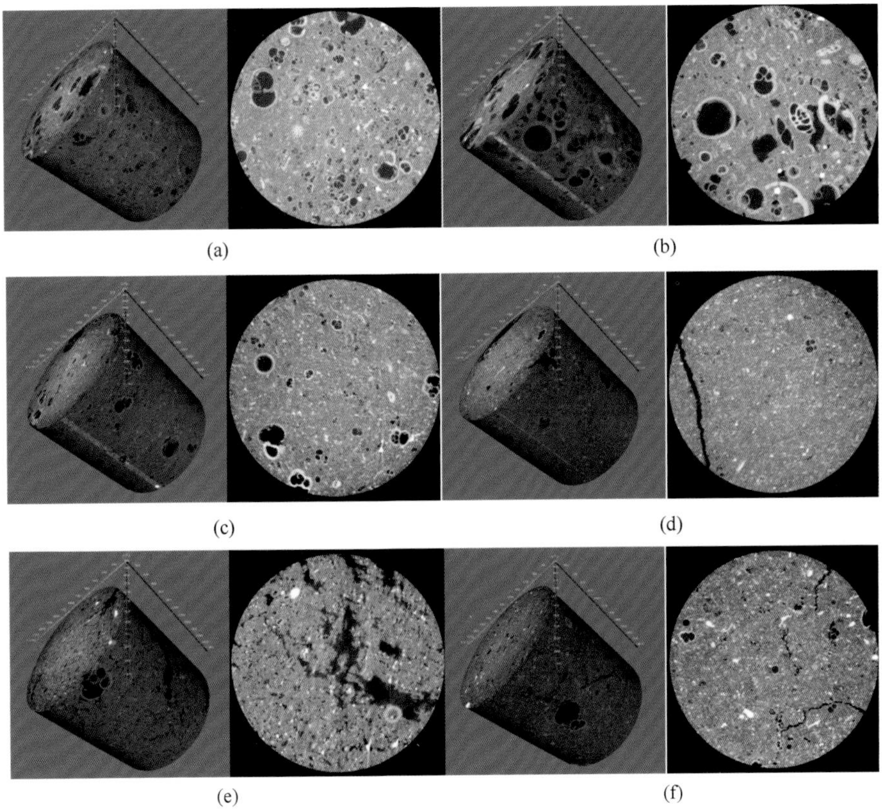

(a) (b) (c) (d) (e) (f)

图 2-38 原始扫描三维、二维灰度图像(像素尺度为 1.054 0 μm)

(a)至(f)依次为 1 号至 6 号水合物分解后泥质粉砂储层样品的原始 CT 扫描三维与二维灰度图

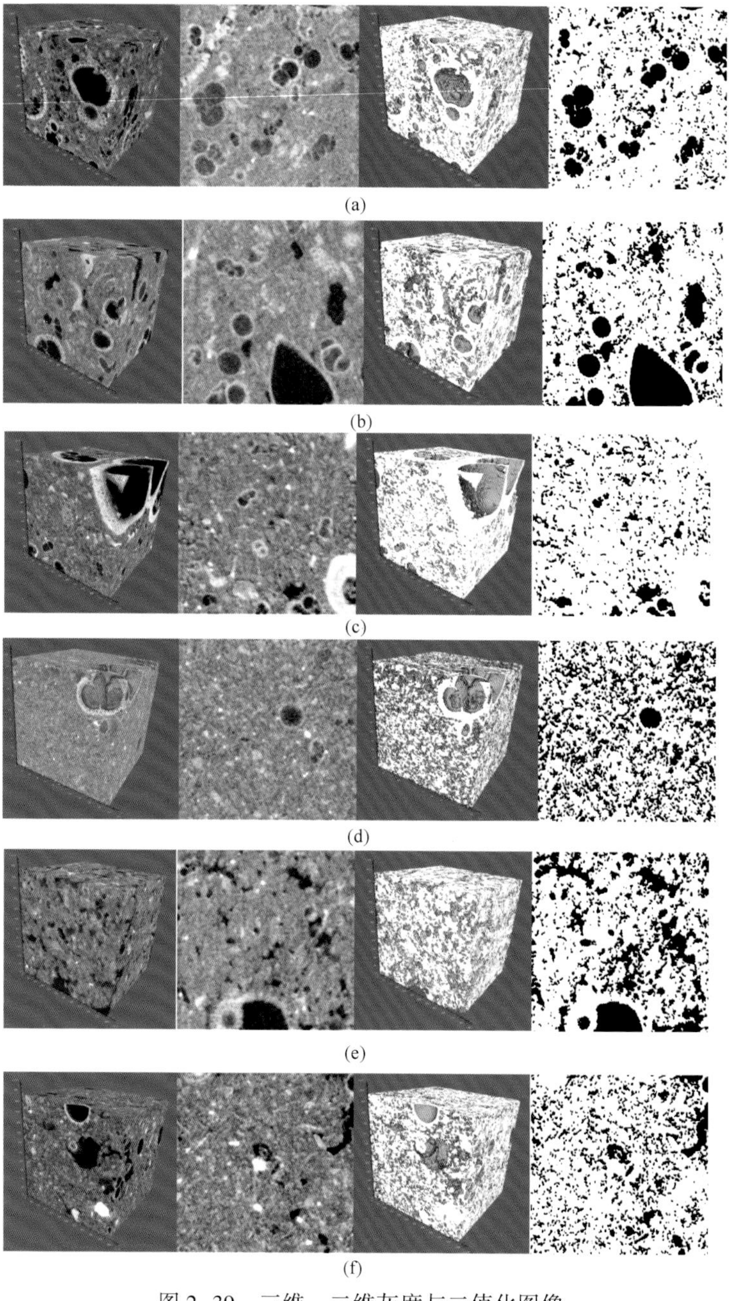

图 2-39　三维、二维灰度与二值化图像

(a)至(f)依次为 1 号至 6 号泥质粉砂储层样品的三维灰度、二维灰度、三维二值化、二维二值化图像。截取的视域选择为三维二值化图像中，灰色部分表示为孔隙，白色表示为固体；二维二值化图像中，黑色部分表示为孔隙，白色表示为固体

2.2.3 孔渗参数模拟计算

2.2.3.1 孔隙度计算

在获得了天然气水合物孔隙固体二值化图像后，对样品的孔隙度与绝对渗透率进行模拟计算。

孔隙度指的是岩石中孔隙体积与岩石总体积的比值，它是定量描述岩石储集能力大小的重要参数。表达式如下：

$$\phi = \frac{V_p}{V_b} = \frac{V_p}{V_p + V_s} \tag{2-1}$$

式中，V_p为孔隙体积，m^3；V_b为岩石的总体积，m^3；V_s为骨架总体积，m^3；ϕ 为孔隙度。

在微观岩样图像中，孔隙体积与岩石骨架体积则对应不同颜色区域的像素体积。由于在相同分辨率的图像中，每个像素所代表的尺寸是相同的，因此式(2-1)可变化为

$$\phi = \frac{N_p}{N_b} = \frac{N_p}{N_p + N_s} \tag{2-2}$$

式中，N_p为孔隙像素数目；N_b为岩样图像总像素数目；N_s为岩样骨架像素数目。将得到的二值化图像[(图 2-40(a)]转换为如图 2-40(b)所示的数组矩阵，以图像中每个像素的像素值来代表岩样图像。一个正方体的岩样图像对应一个三维数组矩阵，通过统计该矩阵中“0”和“1”的数目即可分别获得孔隙像素和岩石骨架像素数目。

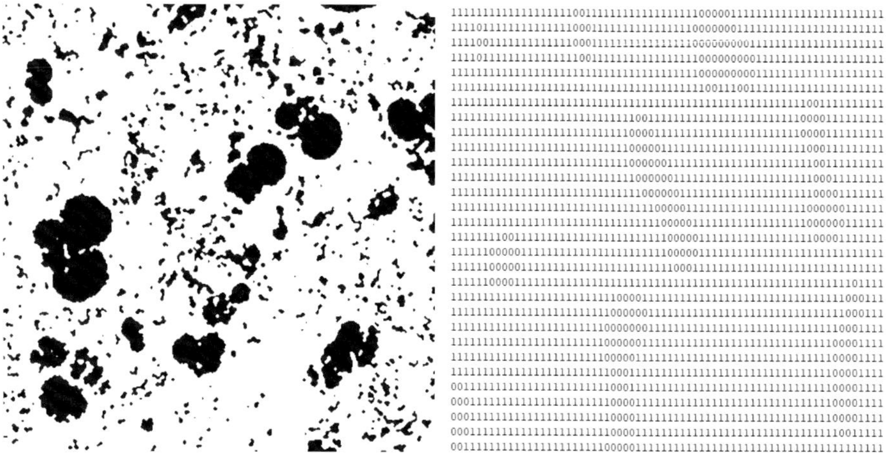

(a)　　(b)

图 2-40　图像二值化

(a)二值化图像；(b)左图中红色框线部分的图像二值化

2.2.3.2　渗透率计算

岩石的绝对渗透率是岩石孔隙中只有一种流体(单相)存在，流体不与岩石起任何物理和化学反应，且流体的流动符合达西直线渗滤定律时，所测得的渗透率，可以用来表示渗透性的大小。当单相流体以压力差 P(Pa)、通过横截面积为 A(m^2)、长度为 L(m)的一段孔隙介质呈层状流动时，流体黏度为 μ($N \cdot S/m^2$)，单位时间内通过这段岩石孔隙的流体量为 Q(m^3/s)，则绝对渗透率 k(mD)为：

$$k = \frac{Q\mu L}{AP} \times 10^{15} \tag{2-3}$$

基于式(2-3)，采用有限差分方法[142]基于 Avizo 软件 XLab Hydro Extension 模块模拟了样品 6 个方向的渗透率，流体控制方程采用 Navier-Stokes 方程，假设流体为层流，流体为水，使用速度-压力耦合求解器，采用默认的松弛因子，边界条件为分别沿 x，y，z 方向施加压力梯度，设置 1×10^{-4} 的绝对收敛因子，迭代完成后可以得到压力出口边界的流量，通过达西定律即可求得岩样沿压力梯度方向的渗透率数据。图 2-41 即为六块样品 y 方向渗透率模拟压力场分布图。

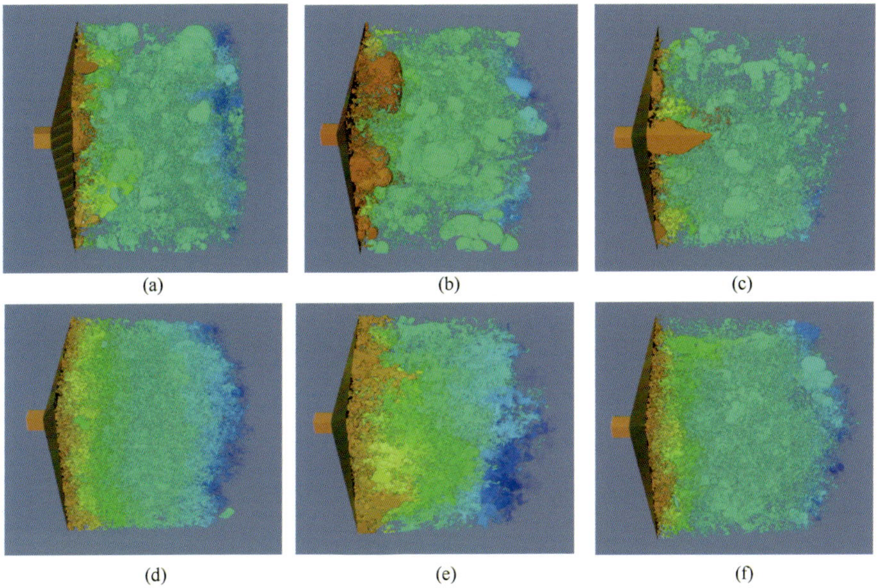

图 2-41　六块天然气水合物样品 y 方向渗透率模拟压力场分布

(a)1 号样品；(b)2 号样品；(c)3 号样品；(d)4 号样品；(e)5 号样品；(f)6 号样品

如表 2-1、图 2-42 所示，天然气水合物分解后的泥质粉砂多孔介质较常规砂岩岩芯表现出高孔低渗，孔-渗相关性较差，系数仅为 0.466 9。

1 号、2 号、3 号样品的孔隙度分别为 0.22、0.25、0.16 左右，但绝对渗透率却远小于孔隙度为 0.18 砂岩 a 的渗透率；4 号和 5 号样品的孔隙度已高达 0.3 左右，渗透率为 200 mD，而当孔隙度大于 0.3 时，常规砂岩的渗透率往往能达到 1 000 mD 以上，如砂岩 b；6 号样品孔隙度为 0.2 左右，但其渗透率却是 1 号、2 号、3 号样品的 1 倍以上。

表 2-2　六块样品与砂岩 a、砂岩 b 计算出的孔隙度、三个方向上的绝对渗透率

物性参数	1 号样品	2 号样品	3 号样品	4 号样品
ϕ	0. 22	0. 258 5	0. 165 5	0. 333 5
k_x/mD	—	51. 091 9	36. 836 2	260. 809 8
k_y/mD	54. 645 3	36. 396 7	41. 352 6	214. 126 2
k_z/mD	23. 671 6	18. 479 3	—	200. 548 9
物性参数	5 号样品	6 号样品	砂岩 a	砂岩 b
ϕ	0. 286 2	0. 214 1	0. 180 9	0. 386 3
k_x/mD	130. 445 1	94. 624 7	196. 527 0	1 497. 734 5
k_y/mD	336. 137 2	101. 175 0	118. 677 0	143 3. 939 5
k_z/mD	278. 465 8	-	175. 530 0	1 496. 857 4

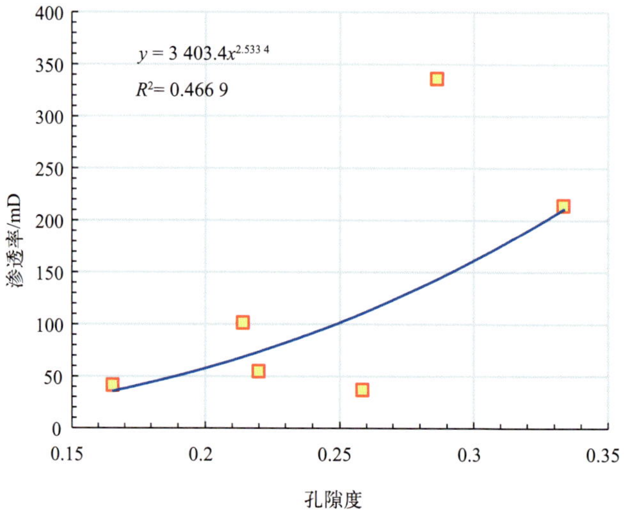

图 2-42　样品孔隙度与渗透率拟合示意(渗透率取 y 方向)

2.3 多孔介质孔隙结构特征分析与物性参数表征

2.3.1 分形原理

多孔介质的输运物理特性和存储能力很大程度地依赖于其孔隙的体积、形状、分布、连通情况等微观结构特征。基于传统欧氏几何方法无法准确地表征孔隙结构复杂性，分形作为一种准确描述多孔介质微观孔隙结构形态、复杂程度、非规则性及其关联宏观输运特性的有效手段，已经在表征和研究多孔介质中的渗流特性方面显示出了其独特的优势，并取得了极大的进展[143]。

普通的几何学研究的对象一般具有整数维数，比如零维数的点、一维的线、二维的面、三维的立体乃至四维的时空。分形几何学认为维数的变化可以是分数，承认系统的局部可能在某一方面(如结构、功能、形态、信息等)、一定的过程与条件中表现出与整体相似的特性。分形几何学是近几十年来发展起来的一个数学分支，与传统的欧氏几何学相比具有明显差异(表 2-3)。

表 2-3　分形几何学与欧氏几何学的差别

分类	描述对象	特征长度	表达方式	维数
欧氏几何学	人类创造的 简单的标准物体	有	数学公式	0 及正整数 (1, 2, 3)
分形几何学	大自然创造的 复杂的真实物体	无	迭代语言	一般为分数 (可为正整数)

多孔介质的分形表征是采用分形方法来分析多孔介质的基础，主要参数有分形维数、缺项和进相。三项参数从不同角度发掘图像不同方面的特性。两张图像的分形维数可能会相同，但缺项不同；或缺项相同，但进相不同；其他参数组合也可能具有类似的情形。

分形维数是反映复杂形体占有空间的有效性和复杂形体不规则性的量度。应用于多孔介质，根据定义的不同有多种分形维数可定量表征孔隙/颗粒大小分布、孔隙表面粗糙程度和流线弯曲程度等微观结构复杂程度。

缺项可用于定量分析分形的集群程度和表征天然图像的变化，能区分具有相同分形维数的不同结构。缺项表征图像中观测目标的分布情况，测量图形中观测目标出现的频率和大小。缺项越大，观测目标的分布越集中。

进相是表征复杂系统连通性的参数特性。在对自然结构进行表征时，进相和其他两种参数之间是相互补充的。进相表示介质内部流体流动的能力，即孔隙中流体可渗透或流动的程度，可用于测量图形结构在不同方向的连通特性[144]。

2.3.2 分形参数计算

2.3.2.1 分形维数计算

在岩芯分析领域，分形维数主要表征所测量目标的复杂程度，一个孔隙积累数目与孔隙大小之间的主要表达式如下[145]：

$$M(\varepsilon) \propto \varepsilon^{D} \tag{2-4}$$

式中，D 即为表征岩石孔隙复杂程度的分形维数，我们称之为孔隙分布分形维数。

获取样品结构图像后，可使用计盒法处理图像获取分形维数。将图像用不同尺度 r 的盒子去覆盖，记录覆盖有测量分形体的盒子数（如孔隙、裂缝）N，则有

$$N = r^{-D} \tag{2-5}$$

式中，D 为计盒法得到的分形维数，区间是 $r_{min} < r < r_{max}$，其中 r_{min} 和 r_{max} 分别是分形自相似区间的下限和上限。在自相似范围内盒子数与尺度的双对数图的线性拟合的斜率即为分形维数（图 2-43）。

通过二维多孔介质的分形特性来分析三维介质的特性也是目前常用的研究方法之一，也就是认为三维与二维空间的分形维数（分别用 D_3 和 D_2 表示）相差为 1，即[146, 147]

$$D_2 = D_3 - 1 \tag{2-6}$$

本次研究中已经获得样品的三维 CT 扫描图像，所以统一使用三维计算法来计算三维分形维数。

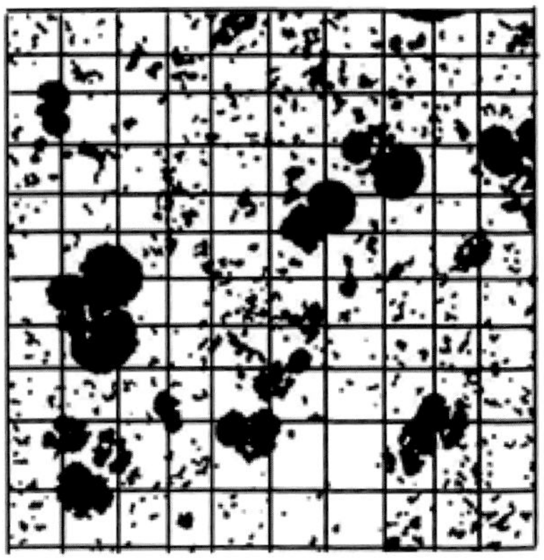

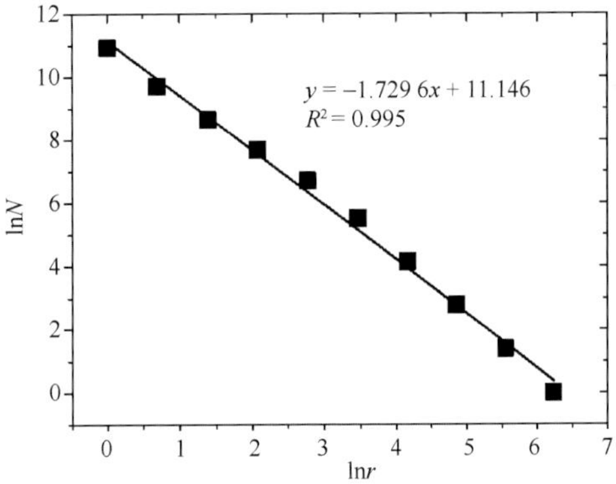

图 2-43　样品 1 切片二维分形维数的计算

表 2-4 为六块天然气水合物分解后样品与砂岩的三维分形维数。

表 2-4 六块泥质粉砂与砂岩样品计算出的三维分形维数

样品号	1	2	3	4	5	6	a	b
三维分形维数	2.769 7	2.790 9	2.710 5	2.851	2.813	2.78	2.698 7	2.847 3

分形维数的数值一般受到多种因素影响，其表征的是孔隙形态总体的一种复杂特征，受孔隙度影响大。孔隙度越大，分形维数越大，而当孔隙度差别不大时，越大的分形维数就代表非均质性越弱，孔隙空间形态发育越为复杂。与常规砂岩岩芯相比，泥质粉砂多孔介质在孔隙度接近相同情况下，表现出了较高的分形维数(1 号、2 号、3 号、6 号>a，4 号>b)，初步证明了其孔隙空间较常规砂岩分布更加复杂。

2.3.2.2 缺项参数计算

缺项分析可用于识别具有相同集群尺度及关联程度不同的灰度图像。不同结构的集合或许存在相同的分形维数，而缺项具有空间平移不变性特征，可用于区分这些不同结构的集合。目前，滑移计盒法是目前计算缺项的常用方法，具有广泛的应用(图 2-44)。

为了方便分析概率函数 $Q(M, r)$，构建统计动差(statistical moments)函数 $Z_Q^{(q)}(r)$：

$$Z_Q^{(q)}(r) = \sum_M M^q Q(M, r) \tag{2-7}$$

缺项 $\Lambda(r)$ 可定义为 $q=2$ 时的统计动差函数除以 $q=1$ 时的统计动差函数的平方[148]：

$$\Lambda(r) = \frac{Z_Q^{(2)}(r)}{[Z_Q^{(1)}(r)]^2} \tag{2-8}$$

在平移不变性的颗粒分布中，由于 $Q(M, r)$ 为 Dirac 函数，这时缺

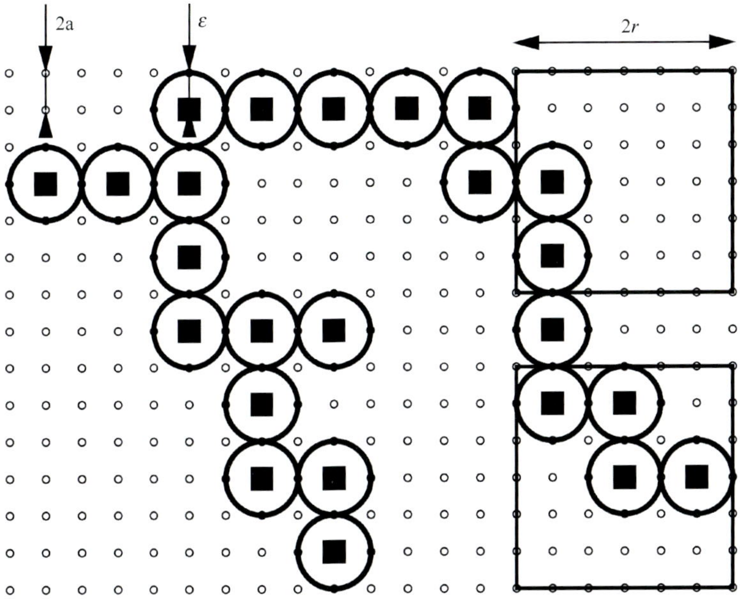

图 2-44 滑移计盒法示意图

圆点代表晶格位置，实心正方形表示颗粒(孔隙)中心，滑移盒子为边长 2r 的正方形

项恒为 1，而非平移不变性晶格的缺项大于 1。

表 2-5 为不同尺度下八块样品计算出的三维缺项。缺项上下边界的最大值和最小值分别为 $\Lambda_{max}=\Lambda(1)=1/\phi$ 与 $\Lambda_{max}=\Lambda(l)=1$，表明不同的孔隙度的值会改变缺项的最大值。

表 2-5 不同尺度下八块样品计算出的三维缺项(*r* 为尺度值)

样品号	1	2	3	4
三维缺项(*r*=1)	4.545 4	3.867 8	6.042 7	2.998 6
三维缺项(*r*=2)	3.979 3	3.457 6	5.355	2.567 8
三维缺项(*r*=4)	3.404 1	3.074 4	4.649 6	2.122 1
三维缺项(*r*=8)	2.779 5	2.658 1	3.874 7	1.652 9

续表

样品号	1	2	3	4
三维缺项(r=16)	2.232 1	2.280 7	3.233	1.335 4
三维缺项(r=32)	1.745 7	1.915 4	2.685 4	1.169 4
三维缺项(r=64)	1.341 4	1.557 1	2.047 6	1.082 1
三维缺项(r=128)	1.103 4	1.225 4	1.334 2	1.027 8
三维缺项(r=512)	1	1	1	1
样品号	5	6	砂岩 a	砂岩 b
三维缺项(r=1)	3.494 2	4.670 7	5.527 7	2.588 4(r=1)
三维缺项(r=2)	3.104	3.886 8	5.088 1	2.385 9(r=2)
三维缺项(r=4)	2.692 6	3.095 2	4.575 6	2.186 7(r=4)
三维缺项(r=8)	2.202 5	2.293 2	3.821 5	1.887 8(r=10)
三维缺项(r=16)	1.729 7	1.750 2	2.851 4	1.636 5(r=20)
三维缺项(r=32)	1.365 3	1.439 2	1.875 6	1.554 1(r=25)
三维缺项(r=64)	1.152	1.259 7	1.260 7	1.320 7(r=50)
三维缺项(r=128)	1.046 1	1.129	1.049	1.167 1(r=100)
三维缺项(r=512)	1	1	1	1(r=500)

消除孔隙度的影响，对缺项进行归一化处理[149]：

$$\Lambda^*(r)=\frac{\Lambda(r)-\Lambda_{\min}}{\Lambda_{\max}-\Lambda_{\min}}=\phi\frac{\Lambda(r)-1}{1-\phi} \tag{2-9}$$

图 2-45 为缺项归一化曲线，在将缺项归一化之后，所有样品缺项的最大值均为 1，最小值均为 0。缺项曲线越靠上，代表该孔隙缺项值越大，表征该孔隙分布的非均质性越强。将不同尺度下的归一化取平均，可直观分析非均质性的大小。

表 2-6 为不同尺度归一化下八块样品平均三维缺项。

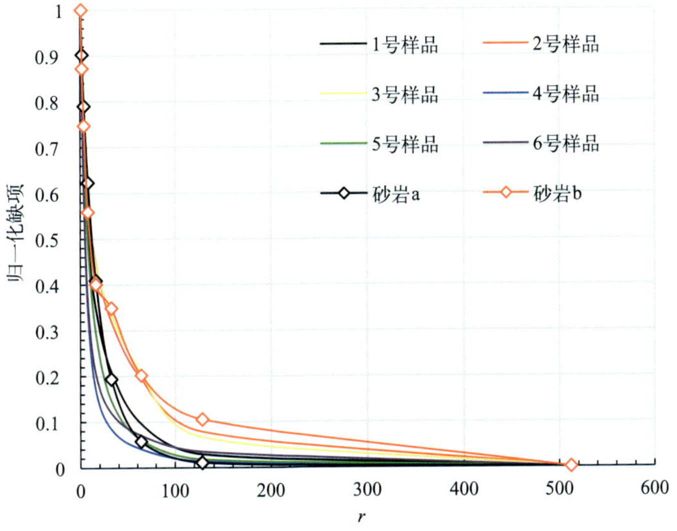

图 2-45　缺项归一化曲线

表 2-6　不同尺度归一化下八块样品平均三维缺项

样品号	1	2	3	4	5	6	a	b
三维平均缺项	0.412	0.466	0.468	0.331	0.391	0.349	0.443	0.471

如上所示，与表 2-2 综合分析，孔隙度较小的泥质粉砂多孔介质具有非均质性越强，渗透率越低的特征。因为在孔隙度较小的情况下，孔隙分布普遍较为均匀的泥质粉砂多孔介质渗透率的大小主要取决于是否含有连通的孔隙，非均质性越强，孔隙越不容易连通，导致渗透率越小的情况出现。

孔隙度较大的泥质粉砂多孔介质与所有砂岩相比，表现出非均质性越强，渗透率越高的特点。因为孔隙度较大代表孔隙空间的分布已经形成了可供流体流通的孔隙管道，此时可供流体发生渗流的大直径孔隙是决定渗透率大小的根本因素，孔隙分布非均质性越强，孔隙管道直径越大，决定了其具有较高的渗透率。

2.3.2.3 进相参数计算

进相表征介质内部流体流动的能力，即孔隙中流体可渗透或流动的程度，可用于测量图形结构在不同方向的连通特性，具有表征岩芯结构各向异性的特征。其步骤如下。

(1)假设每一个黑色像元位置表示孔隙(流体可通过)和白色像元为流体不能通过的固体，考虑进相与方向相关，可计算图像结构在不同方向上的流动能力，为图像上的每个流动方向提供虚拟压力场(三维图像在 x，y，z 三个方向上具有六个压力场：从上到下，从下到上，从左到右，从右到左，从前到后，从后到前)。

(2)从图像的每个起始压力方向的孔隙像元开始流动，流通该方向上所有的连通孔隙(黑色孔隙像元)，白色像元表示阻碍流体的固体。与每个流动区域的边界领域组成不可流通的边界。

(3)利用图 2-44 滑移计盒法的思想，由于分形体具有标度特性，可以通过改变测量盒子的尺度大小来估测进相参数。这一步将划分这些上一步的流动区域为等盒子大小[BS(k)，k 为图像可能划分的盒子个数]。然后测量图形的每种盒子大小覆盖百分比，记为 $OP[BS(k)]$。对于每一种盒子大小 k，计算表达式为：

$$\sum_{k=1}^{n} OP[BS(k)] \times PR[BS(k), pc] \tag{2-10}$$

式中，n 为可能划分的个数；$PR[BS(k)]$表示盒子 k 的中心压力。

(4)为使进相与分形维数具有相同的无标量特征，进相可表征为压力覆盖值[式(2-11)]除以最大可能覆盖值[150]：

$$Su[BS(k), \text{dir}] = \frac{\sum_{k=1}^{n} OP[BS(k)] \times PR[BS(k), pc]}{\sum_{k=1}^{n} OP[BS(k)] \times \max PR[BS(k), pc]} \tag{2-11}$$

表 2-7 为六块泥质粉砂多孔介质在三维六个方向上的三维进相值。

表 2-7 不同方向上进相计算值

样品号	1	2	3	4	5	6
x 正进相	0.092 4	0.133 5	0.029 6	0.329 3	0.275 4	0.171 0
x 负进相	0.091 7	0.168 5	0.014 9	0.300 9	0.236 6	0.158 5
y 正进相	0.105 1	0.149 8	0.043 9	0.314 9	0.263 5	0.140 5
y 负进相	0.090 2	0.156 6	0.043 2	0.321 8	0.256 8	0.183 0
z 正进相	0.094 9	0.159 5	0.002 4	0.331 2	0.248 6	0.160 3
z 负进相	0.089 7	0.178 4	0.038 5	0.296 2	0.269 2	0.168 3

除 3 号样品外，其他样品在各个方向上的进相值差异不大。根据进相值可表征岩芯孔隙结构分布的各向异性特征的物理意义，表明泥质粉砂多孔介质孔隙结构发育无明显的各向异性特征。对于 3 号样品，其 z 方向上极小的进相值也表征该方向上不存在连通孔隙，即可解释为什么该方向上渗透率无法计算，如图 2-46 所示，从六块样品不同方向上进相与渗透率拟合关系可知，除去 1x，3z，6z 三个方向上无法计算渗透率之外，一共有 15 个数据参与了拟合计算。泥质粉砂多孔介质进相值与渗透率呈现出较好的相关性。即在天然气水合物样品的渗流特性研究中，可使用进相值对渗透率拟合并建立预测模型，给予样品渗透率的变化规律一定的理论指导。

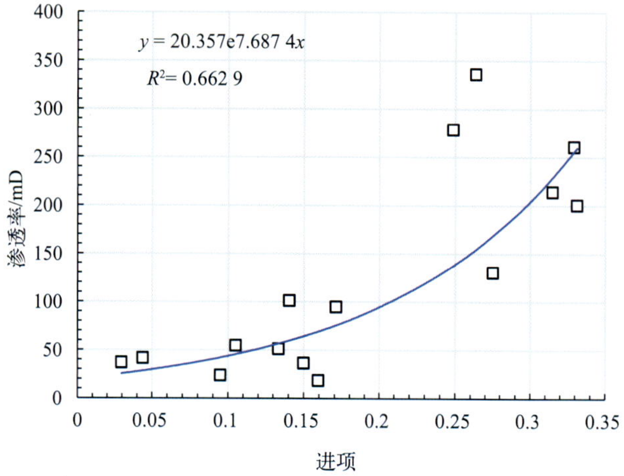

图 2-46　六块样品不同方向上进相与渗透率拟合示意

2.4　本章小结

具体结论如下：

(1)天然气水合物储层样品表现出了明显的水湿特征，储层矿物以石英、碳酸盐、黏土为主，黏土成分则以伊蒙混层为主，有孔虫化石以方解石为主，黏土颗粒较小充填石英、长石之间；储层孔隙类型可分为：较大尺寸的生物化石孔、粒间孔、黏土孔、方解石溶蚀孔以及云母晶间孔等，存在着大量的亚微米级孔隙。

(2)根据从天然气水合物储层样品三维 CT 图像中计算出的孔隙度、渗透率数据可知，泥质粉砂多孔介质较常规砂岩表现出高孔低渗的特征，同时自身孔-渗相关性较差，系数仅为 0.488，说明仅使用孔隙度一个参数难以较好地表征泥质粉砂样品的渗流性质。

(3)根据从天然气水合物储层样品三维 CT 图像中计算出的分形参数可知，泥质粉砂样品孔隙发育的复杂程度大于常规砂岩；孔隙度较小泥质粉砂多孔介质具有非均质性越强，渗透率越低的特征，孔隙度较大的泥质粉砂多孔介质与常规砂岩表现出非均质性越强，渗透率越高的特点；泥质粉砂多孔介质进相值与渗透率呈现出较好的相关性，可给予样品渗透率的变化规律一定的理论指导。

3 储层蠕变特性及渗透率变化特征研究

如上所述，通过尝试性开展泥质粉砂多孔介质微观结构表征研究可知，天然气水合物分解后的泥质粉砂多孔介质具有孔隙半径低、亚微米级孔隙占比高、渗透率低，孔隙、喉道结构空间上迂曲度大、配位数少等诸多特点；同时，不同程度地存在着非常细小的黏土、黏土粉砂质微粒以松散的颗粒形式处于孔壁或颗粒的内表面上。因此，使用不同降压速度开采天然气水合物，伴随生产持续进行，分解区靠近生产井筒周围压降速度激增，流体在该区域内运移会导致细粒沉积物颗粒在孔隙变窄处发生堆集、堵塞，甚至储层结构发生变形，导致绝对渗透性大幅降低。

鉴于此，本章针对如何预测生产井周分解区泥质粉砂多孔介质孔喉结构发生形变的临界压力，有效掌握地层绝对渗透率与蠕变储层结构变化关系的难题，利用自主研发的 CT 技术测量海域泥质粉砂储层结构变化的装置、观察沉积物构造变化可视化实验装置等多项专利技术，开展分解区多孔介质在不同驱替压力下孔喉结构与渗透率变化关系研究。

首先，使用“数字岩芯”与常规驱替实验相结合的方法，研究不同驱替压力条件下泥质粉砂多孔介质的蠕变特性及其对渗透特性的影响：根据多孔介质物性设计研发了可同时进行岩芯渗流驱替与 CT 扫描的实验仪器组；其次，开展四组柱塞岩芯单相水渗流实验，最后一组实验柱塞岩芯在实验过程中同时进行了 CT 扫描；最后，结合驱替实验结果与 CT 扫描图像数据从宏观与微观两个方面分析了我国南海神狐海域含天然气水合物沉积物的蠕变性质及此性质对整个储层渗透特性的影响，初步揭示降压开采天然气水合物过程中泥质粉砂微观结构与压力的动态演化规律。

在此基础上，从不同驱替压力下多孔介质 CT 扫描数据中提取了孔隙度、分形维数、孔隙–喉道分布等表征参数，进一步从微观角度分析了不同压力下泥质粉砂多孔介质孔隙结构变化规律，基于分形毛细管束理论建立了包含迂曲度、分形维数、最大孔隙半径等参数的渗透率表征模型，可有效预测其他压力点下储层渗透率的变化，以便有效了解、掌握天然气水合物分解后储层流体，从分解前缘通过排液坑道流至井筒过程中的渗流特性，对储层绝对渗透率变化给予理论指导。

3.1 泥质粉砂储层单相渗流实验研究

3.1.1 单相渗流设备与实验步骤

本项研究使用样品来自第 2 章 2.1 节中 CT 扫描后的剩余样品。

如图 3–1 至图 3–3 所示，泥质粉砂储层样品单相渗流实验系统主要由气源、压力控制装置、中间容器、压力监测装置、计算机、无磁夹持器、电子天平、X-ray CT 扫描仪器 8 个重要部分组成，具体参数指标与性能如下。

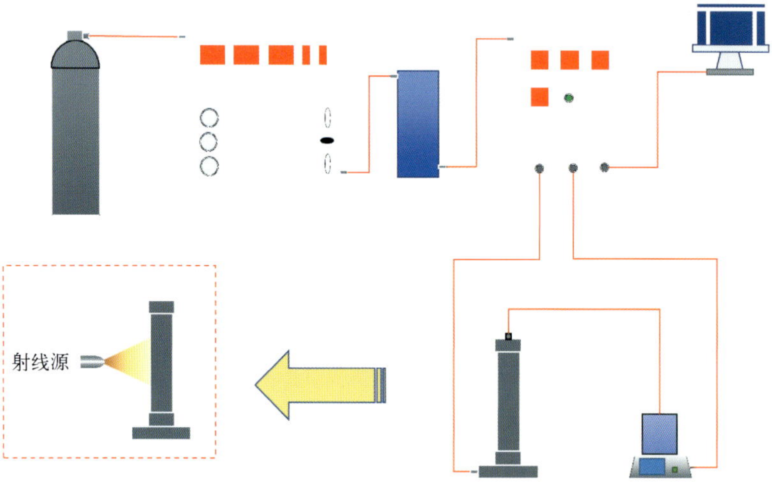

图 3-1　单相驱替及 CT 扫描实验系统构成示意图

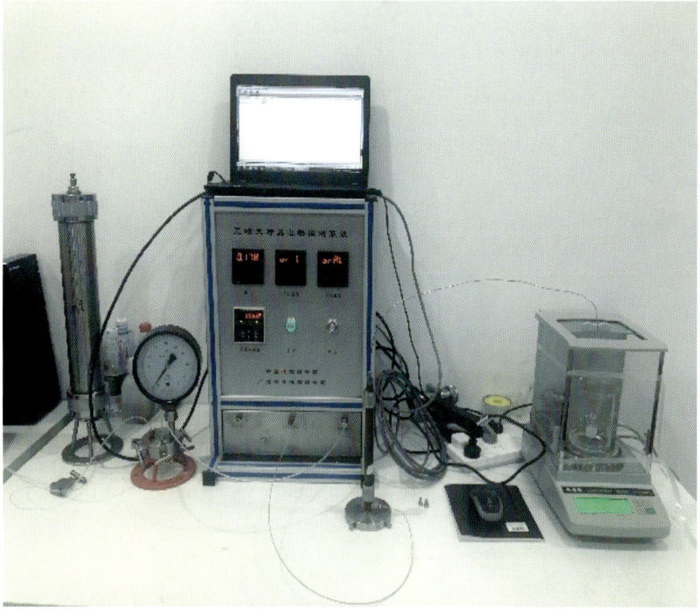

图 3-2　单相渗流驱替实验实景图

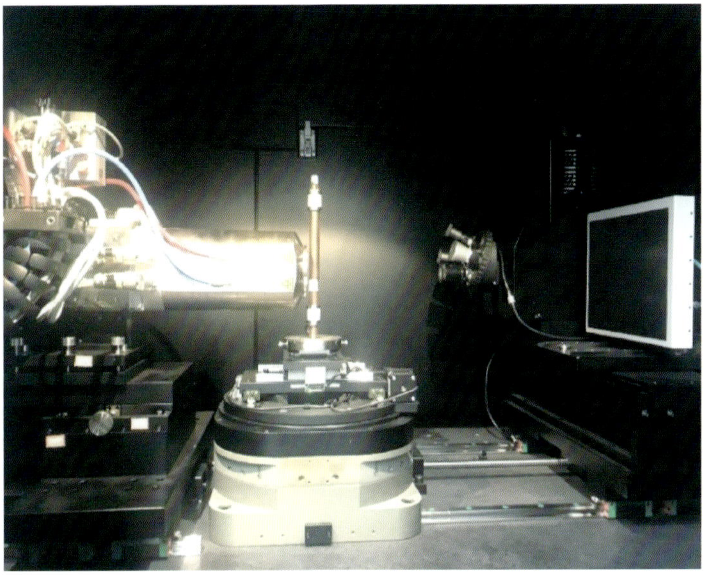

图 3-3　无磁夹持器与 CT 扫描实景图

气源为氮气气瓶，最高压力可达 15 MPa；压力控制装置用于系统进气压力，精度可达 0.1 kPa；中间容器用于气水置换后稳定水驱，最高承压可达 20 MPa；压力监测装置用于监测无磁夹持器进口压力，同时可监测电子天平读数，并将实验实时数据传入计算机；计算机用于实时记录实验数据；无磁夹持器用于盛放实验测试样品，材质为 PEEK，具有无磁、高承压的特性，最高承压可达 10 MPa，内部直径为 8 mm，长度为 20 mm；电子天平用于记录无磁夹持器出口端流体质量，精度为 0.000 1 g；X-ray CT 扫描仪器用于在实验过程中扫描获得样品微米级孔隙结构及多相流体分布，最高像素分辨率为 650 nm。

本项研究共采用两套工作制度，研究天然气水合物分解后泥质粉砂多孔介质在不同驱替压力下微观结构的变化规律：①阶梯式增压实验法，用以模拟开采时井底压力不断增大的情况下储层结构与渗透特性的变化特征；②脉冲式增压法实验法，用以模拟开采时井底压力稳定在某一范围时储层结构与渗透特性的变化特征。详细实验步骤如图 3-4 所示。两种方法的不同之处在于实验时选取的压力变化规律不同，脉冲式增压法选择来回起伏变化的压力节点，如 10 kPa、30 kPa、50 kPa，30 kPa，10 kPa。且由于本次实验的研究对象为天然气水合物完全分解后的泥质粉砂多孔介质，可以忽略温度条件对结构特性与渗流特性的影响，温度设置为 25℃。

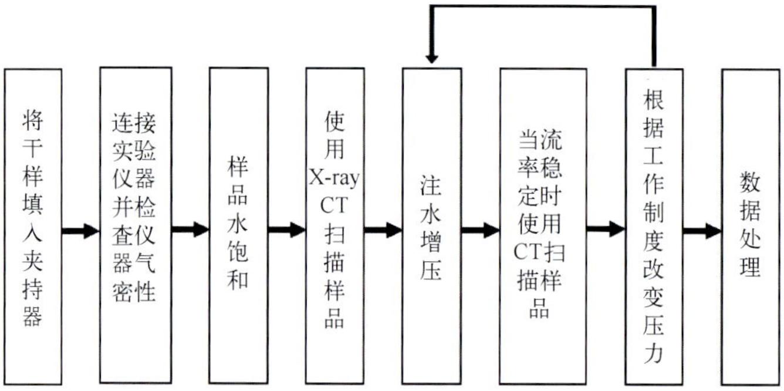

图 3-4　阶梯式增压法和脉冲式增压法的实验流程

使用无磁夹持器开展了四组单向水驱实验（渗透率流速敏感性实验），其中填样柱塞岩芯都来自同一储层样品，受经费限制仅对第四组实验柱塞岩芯进行了驱替过程中的 CT 扫描，具体相关实验参数详见表 3-1。

表 3-1　四组储层天然气水合物柱塞岩芯驱替实验相关实验参数设置统计情况

（其中每米压力换算值即为用压力测试点除以样品长度获得的压力梯度值）

序号	直径/mm	长度/mm	干重/g	压力变化节点/kPa	压力梯度/（MPa/m）	工作方案
1	8	20	1.2	20；60；80；90；100；150；200	1；3；4；4.5；5；7.5；10	阶梯

续表

序号	直径/mm	长度/mm	干重/g	压力变化节点/kPa	压力梯度/(MPa/m)	工作方案
2	8	20	1.2	20；60；80；90；100；90；80；60；20	1；3；4；4.5；5；4.5；4；3；1	脉冲
3	8	10	0.6	10；30；40；50；40；30；10	1；3；4；5；4；3；1	脉冲
4*	8	10	0.8	10；30；50；75；100	1；3；5；7.5；10	阶梯

注：*代表该组单向水驱实验过程中同步进行了 CT 扫描。

3.1.2　不同工作流程下单相渗流实验

图 3-5、图 3-6 为第 1 组驱替实验不同驱替压差下流量与渗透率变化关系图，此次实验使用的是阶梯式增压法，填样长度为 20 mm，填样干重为 1.2 g。

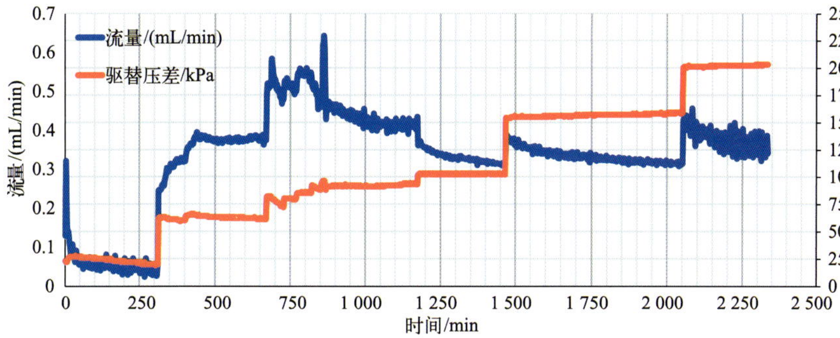

图 3-5　第 1 组实验流量与驱替压差变化关系图

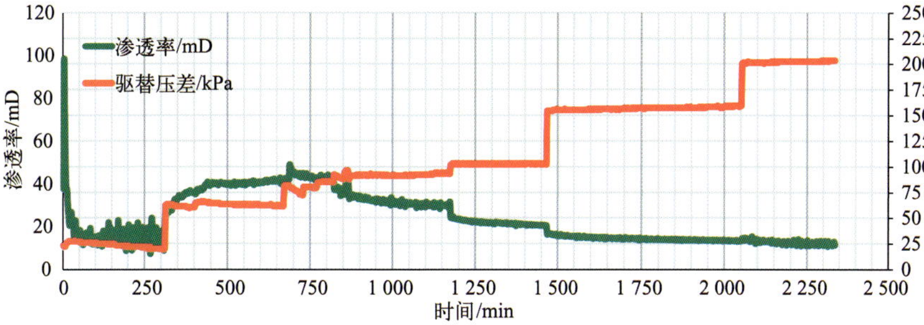

图 3-6　第 1 组实验渗透率与驱替压差变化关系图

该组实验渗透率基本维持在 10～100 mD 范围内，随驱替压差不断增加，渗透率减小，最终接近 10 mD。驱替压力小于 60 kPa 时，渗透率能维持在一个稳定区间；驱替压力大于 60 kPa 时，泥质粉砂多孔介质的蠕变特性会导致孔隙半径逐步压缩，使储层渗流能力逐步减少。

图 3-7、图 3-8 为第 2 组驱替实验不同驱替压差下流量与渗透率变化关系图，与第 1 组实验不同之处在于该组实验使用脉冲式增压法，尝试不断变化驱替压差情况下流量、渗透率变化情况，填样长度依旧为 20 mm，干重为 1.2 g。

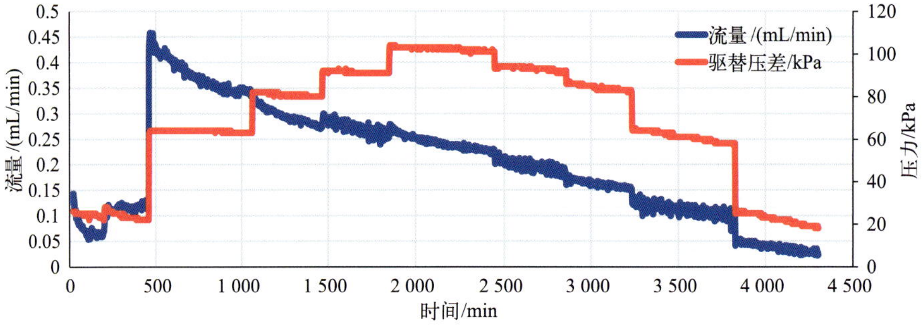

图 3-7　第 2 组实验流量与驱替压差变化关系图

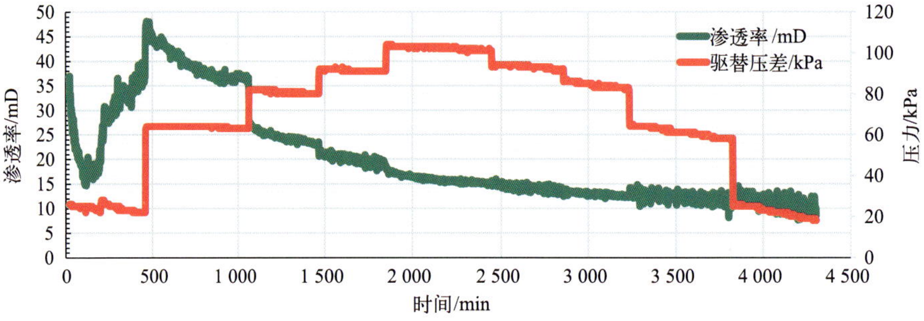

图 3-8　第 2 组实验渗透率与驱替压差变化关系图

该组实验与第 1 组实验渗透率变化表现出较好的一致性，基本维持在 10~100 mD 范围内。驱替压差小于 60 kPa 时，在 0~500 min 范围内，受仪器计量、样品填装等多因素影响，渗透率、流量会有一定波动，实验进行至 1 000 min 前，渗透率依旧能维持在一个较高的稳定区间；当压力突破 60 kPa，骤然增加到 80 kPa 后，流量与压力呈明显负相关，渗透率出现显著骤降；驱替压差逐渐增大至 100 kPa 后，依次降低至初始压差，这一过程中流量与渗透率均持续降低，且渗透率的降低是一个不可逆的过程。

上述两组实验表明，与常规固结砂岩储层完全不同，泥质粉砂多孔介质由于自身弱胶结、缺少骨架支撑的特点，在临界驱替压差条件下组成多孔介质的颗粒会发生移动，导致孔喉结构发生形变，进一步在夹持器出口段造成微粒堆积，使得有效渗流通道逐步降低，影响渗透率。两组实验样品长度相同均为 20 mm，均在驱替压差为 60 kPa 后渗透率出现明显下降，折算后压力梯度为 3 MPa/m。这一结果表明天然气水合物分解后的泥质粉砂多孔介质当驱替压力梯度达到 3 MPa/m 后，储层结构会发生破坏，且不可逆。

另外，通过两组实验观察可知，虽然流量呈现下降，但是样品长度并没有发生明显位移，因此上述渗透率计算均满足经典达西定律[式(2-3)]。

图 3-9、图 3-10 为第 3 组驱替实验不同驱替压差下流量与渗透率变化关系图，为验证上述两组实验结果的可靠性，本组实验依旧采用脉冲式增压法进行，而填样长度从 20 mm 变为 10 mm，减少部分的样品长度利用 PEEK 材质的假岩芯替代，以此验证泥质粉砂多孔介质在不同长度尺度下是否具有统一的蠕变特性，且为了保持填样柱塞岩芯密度的一

致性，填样干重从 1.2 g 减为 0.6 g。

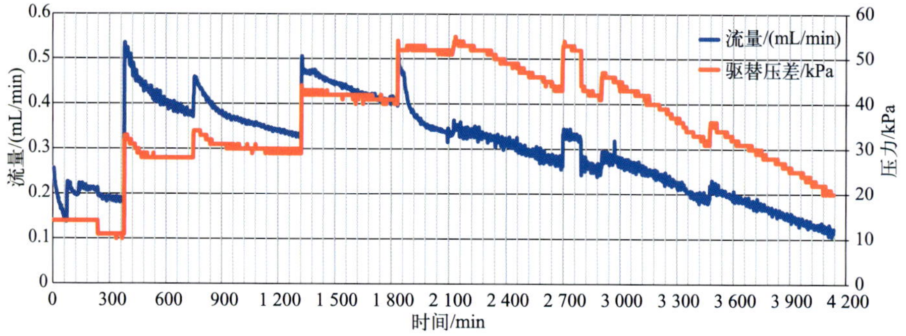

图 3-9　第 3 组实验流量与驱替压差变化关系图

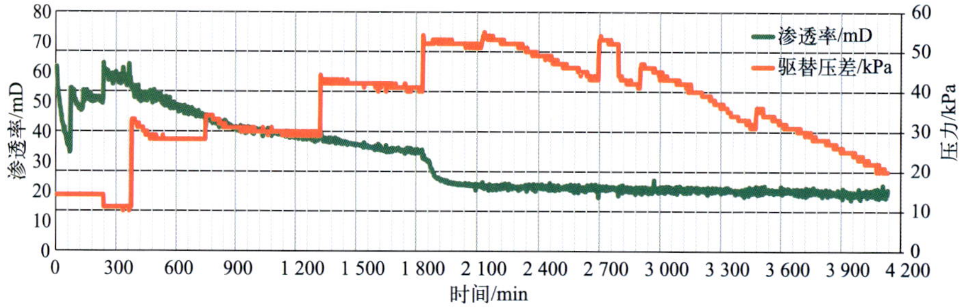

图 3-10　第 3 组实验渗透率与驱替压差变化关系图

从图 3-9、图 3-10 中可以看到，该组实验与前两组实验渗透率变化表现出较好的一致性，基本维持在 10~100 mD 范围内。驱替压差小于 30 kPa 时，渗透率能稳定在一个较大的数值；大于 30 kPa 后，渗透率不断减小；达到 50 kPa 后，渗透率出现明显骤降至一个稳定的值，且无论怎样改变驱替压差渗透率都不再发生变化。

本次实验由于气源长时间供给，导致后期压力难以保持恒定，但并未影响渗透率发生改变的趋势，即达到临界驱替压差后渗透率将持续降低且无法恢复。该结果证实使用 10 mm 长度的柱塞样品开展实验，与使用 20 mm 柱塞样品的实验结果基本吻合，均表现出了由于泥质粉砂多孔介质蠕变特性而导致的储层破坏与渗透率降低是一个不可逆的过程。

这一结果也同样证实了 3 MPa/m 的驱替压力梯度是该类储层渗透率发生急剧变化的一个临界点。当驱替压力梯度小于 3 MPa/m 时，泥质粉砂多孔介质孔隙结构与渗透特性均会保持相对稳定；在驱替压力梯度大于 3 MPa/m 后，孔隙结构会被迅速破坏从而导致渗透率迅速降低。

3.2 泥质粉砂储层蠕变微观结构研究

3.2.1 微观结构扫描

由表 3-1 知，第 4 组实验长度为 10 mm，并增大了柱塞岩芯密度，干重从 0.6 g 变为 0.8 g；在驱替过程中同步对 6 个驱替压力节点进行了 CT 扫描。

图 3-11、图 3-12 为第 4 组驱替实验不同驱替压差下流量与渗透率变化关系图。增加样品干重后，渗透率与前三组相比有所降低，基本维持在 20 mD 以下；驱替压差小于 30 kPa 时，流量与渗透率基本稳定；驱替压差大于 30 kPa 后，渗透率会伴随阶梯式增压而不断降低。进一步验证了 3 MPa/m 的驱替压力梯度是该类储层渗透率发生急剧变化的一个临界点。

为进一步掌握泥质粉砂多孔介质孔隙结构与驱替压差-渗透率之间的相互关联，分别在 0 kPa、10 kPa、30 kPa、50 kPa、75 kPa、100 kPa 的 6 个驱替压力节点对样品进行了 CT 扫描，以便获得微观孔隙结构数据，从而进一步分析泥质粉砂多孔介质蠕变特性对其渗流能力的影响。

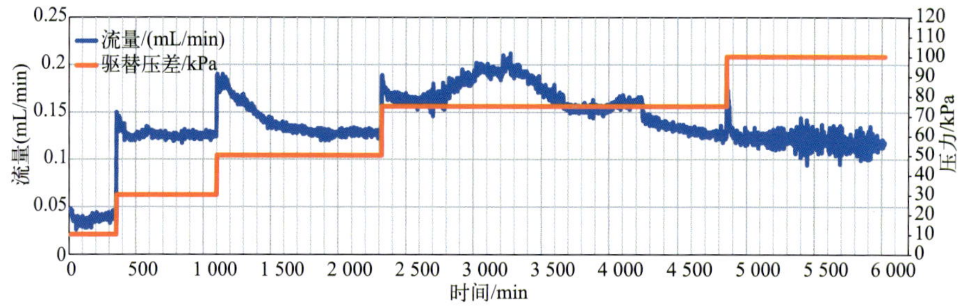

图 3-11　第 4 组实验流量与驱替压差变化关系图

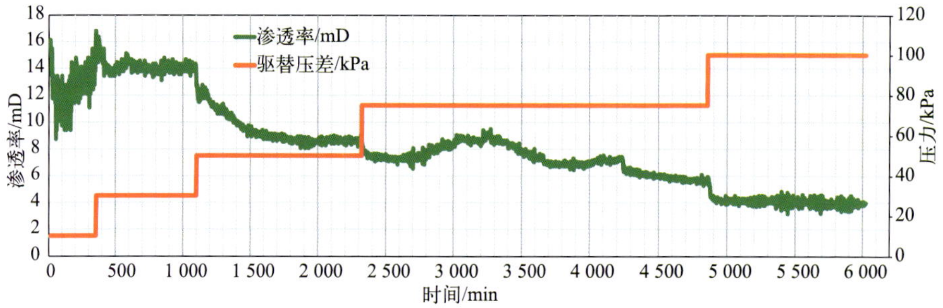

图 3-12　第 4 组实验渗透率与驱替压差变化关系图

表 3-2 为本组实验 6 个压力节点 CT 扫描参数值。图 3-13 为不同压差下 CT 扫描灰度及二值化图，驱替过程中孔隙流体压力作用于样品 *Z* 轴方向，下部为流体进口端，上部为出口端；二值化图中蓝色代表孔隙空间，孔隙度可直接从二值化图像中按 2.2.1 节至 2.2.3 节所述方法求出；随着驱替压差的不断增加，泥质粉砂储层样品的蠕变性质会使样品颗粒在渗流方向上有所运移，孔隙空间不断减少且部分小孔已完全闭合。

表 3-2　Sanying 微米扫描仪的扫描参数

名称	微米 X 光 CT 扫描
扫描电压	70 kV
扫描电流	42 μA

续表

名称	微米 X 光 CT 扫描
曝光时间	2. 2 s
二维切片数量	1 800
视域(FOV)	2 000×2 000×1 500 μm^3
分辨率	2. 974 5 μm

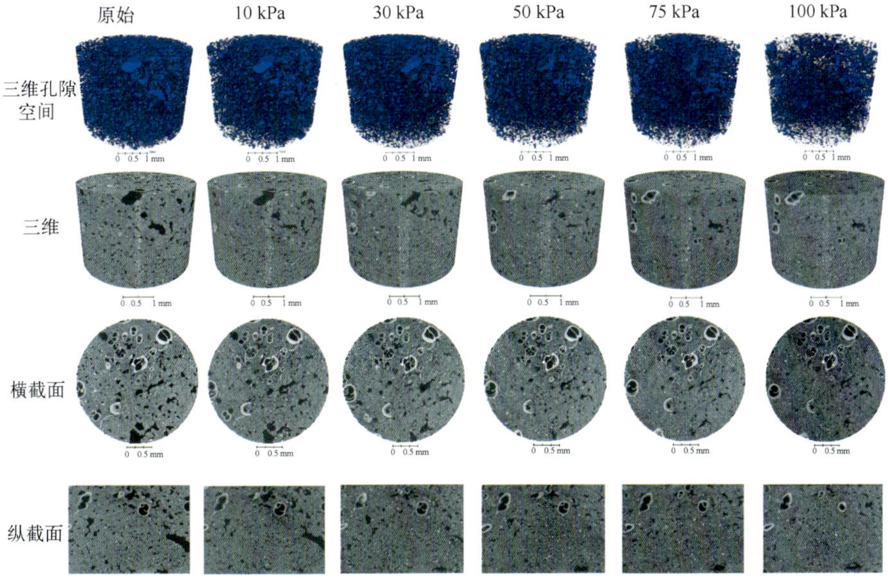

图 3-13　第 4 组实验不同驱替压差下 CT 扫描灰度与孔隙空间重构图像

如图 3-14、表 3-3 所示，将 CT 扫描数字岩芯重构的孔隙空间数据（方法参考 2. 2. 1 节至 2. 2. 3 节所述）与通过渗流实验获取的渗透率绘制到一张图版中可以清晰地看出孔隙度与渗透率之间的变化关系。

泥质粉砂多孔介质伴随驱替压差的不断增加，孔隙度从 18. 62%逐步降低至 10. 6%，平均孔隙半径由 14. 6 μm 降低至 7. 94 μm，证实该类储层具有蠕变特性，在开采过程中孔隙结构会随生产压差的增大不断发生改变，进而引起孔隙空间发生变形，影响储层渗透率。

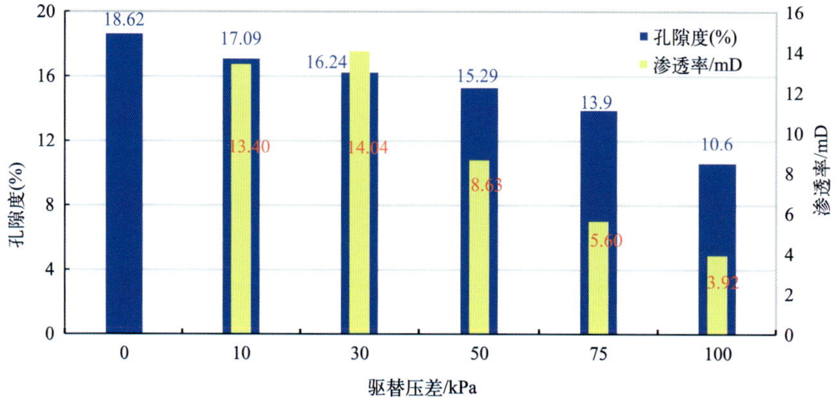

图 3-14　第 4 组实验不同驱替压差孔隙度与渗透率关系图

表 3-3　第 4 组实验不同驱替压差下柱塞岩芯的孔隙参数

驱替压差/kPa	0	10	30	50	75	100
孔隙度（%）	18. 62	17. 09	16. 24	15. 29	13. 90	10. 60
平均孔隙半径/μm	14. 60	14. 40	9. 55	8. 49	8. 34	7. 94
中值孔隙半径/μm	9. 16	8. 44	7. 55	6. 44	5. 80	5. 46
渗透率/mD	-	13. 40	14. 04	8. 63	5. 60	3. 92

另外，对图 3-13 构筑的数字岩芯进行横截面切片处理，提取每一个横截面切片的孔隙率数据，对比分析渗流实验夹持器样品仓中相同垂向位置处多孔介质在不同驱替压差下的孔隙度变化规律，如图 3-15 和图 3-16 所示。

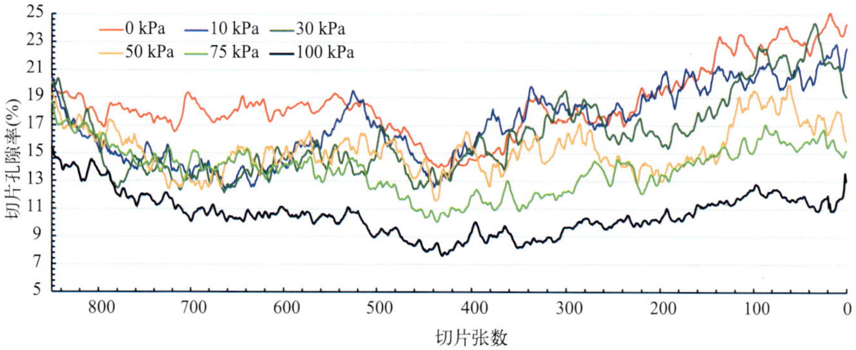

图 3-15　第 4 组实验不同驱替压差下数字岩芯不同切片张数孔隙度分布图

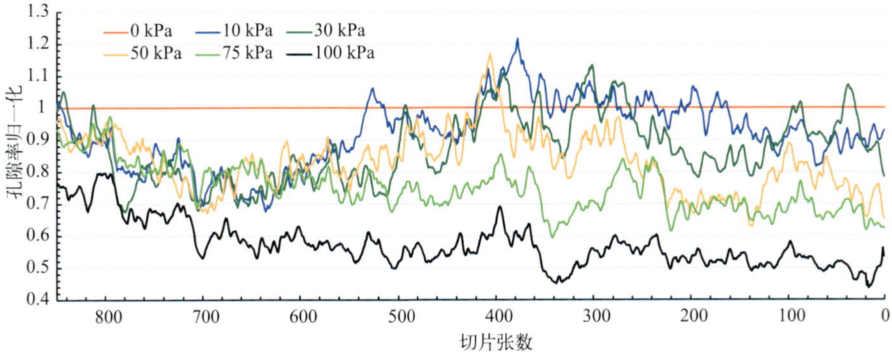

图 3-16　第 4 组实验不同驱替压差下数字岩芯不同切片张数孔隙度归一化图

数字岩芯垂向长度为 10 cm，自上(岩芯顶部)而下(岩芯底部)共进行 800 张横截面切片处理。整体来看，越靠近出口端，在相同垂向位置处(同一张切片)，随驱替压差的不断增大，切片横截面视域中的孔隙率是不断降低的。

如图 3-17 所示，岩芯的渗透率随着孔隙度呈现幂律关系，拟合常数为 0.880 3：

$$\frac{k}{k_0} = \phi^{2.750\,1}, \qquad k_0 = 0.005\,3 \tag{3-1}$$

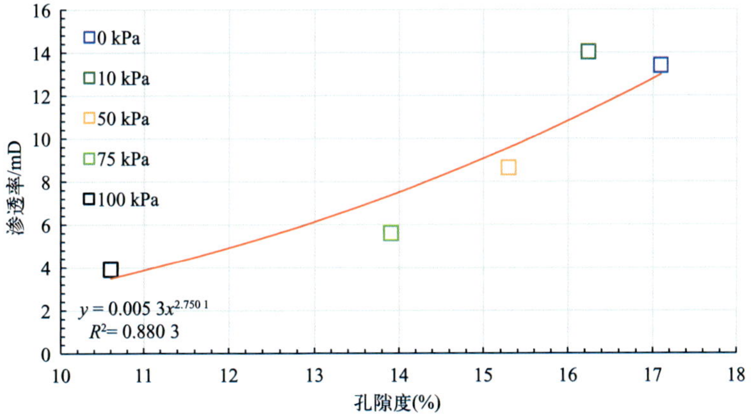

图 3-17　不同驱替压差下泥质粉砂多孔介质孔隙度与渗透率拟合关系

泥质粉砂多孔介质受外源压力作用，孔隙结构发生蠕动变形，导致孔隙空间的压缩与减少是渗透率降低的原因，可以使用上述公式简单表征渗透率的变化。

3.2.2 不同驱替压差下孔隙变化

从图 3-13 二值化 CT 图像中获取的孔隙度与驱替压差变化关系如图 3-18 所示，其数值随着驱替压差从 0 kPa 到 100 kPa 的增大而逐步减少，孔隙度变化范围从 18.6%降至 10.6%。以 0 kPa 无驱替压差时候的孔隙度为基准，驱替压差的增大与孔隙度减少存在明显的线性关系（相关系数 R^2 为 0.953）：

$$\phi - \phi_0 = -\frac{p}{p_0}, \quad p_0 = 1/0.000\,7 \tag{3-2}$$

式中，ϕ 为孔隙度，p 为驱替压差，ϕ_0为 0 kPa 时样品原始孔隙度。

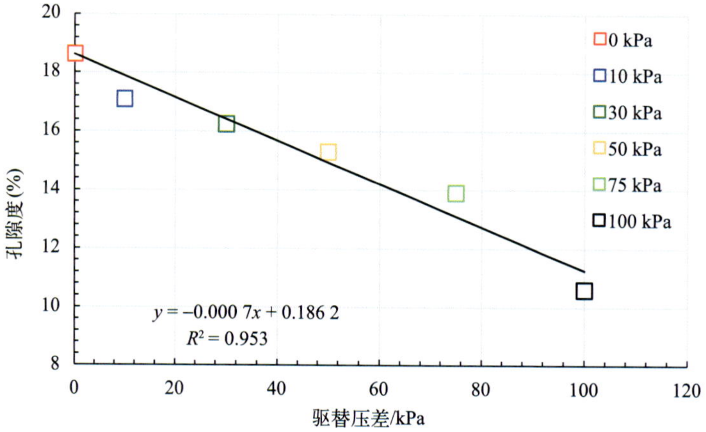

图 3-18　不同驱替压差下孔隙度数据线性拟合示意图

在获得二值化的孔隙空间后，使用随机行走方法进行核磁共振模拟[151-153]，获得了不同驱替压差下样品的孔隙半径分布。

图 3-19、图 3-20 分别为不同驱替压差下的样品孔隙分布与累积孔隙分布示意图，随着驱替压差的增大，样品的整体孔隙分布会向着小孔径处集中，较大孔隙半径的孔隙消失，样品的最大孔隙半径会减少。

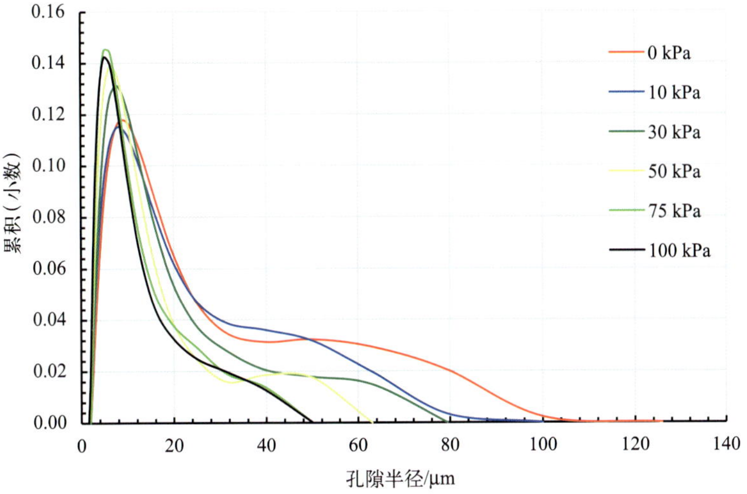

图 3-19　不同驱替压差下的孔径分布图

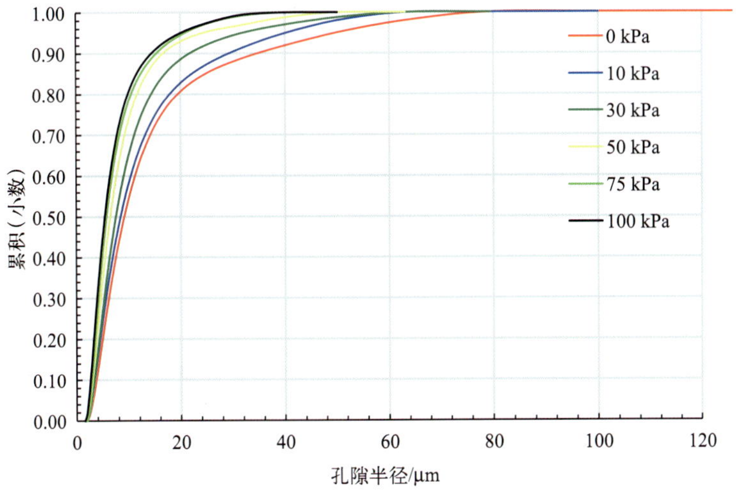

图 3-20　不同驱替压差下的累积孔径分布图

图 3-21、图 3-22 与图 3-23 分别为从孔隙分布曲线中得出的不同驱替压差下的平均孔隙半径、孔隙中值半径与最大孔隙半径。

如图 3-21 所示，以初始时刻平均孔隙半径为基准，驱替压差的增大与平均孔隙半径数据的减少有着较明显的指数关系（相关系数为 0.765 1）：

$$r_{avg} = r_{avg0}\ e^{-0.007p} \quad (3-3)$$

式中，r_{avg} 为平均孔隙半径，$r_{avg0}=14.6\ \mu m$ 为驱替压差 = 0 时初始平均孔隙半径。

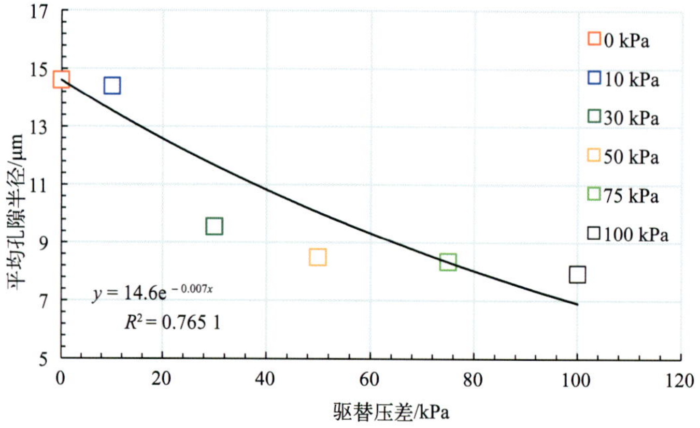

图 3-21　不同驱替压差下的平均孔隙半径分布图

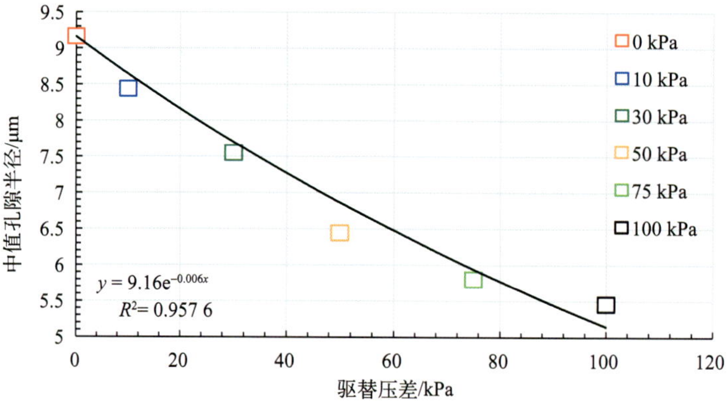

图 3-22　不同驱替压差下的中值孔隙半径分布图

如图 3-22 所示，以初始时刻孔隙中值半径为基准，驱替压差的增大与孔隙中值半径数据的减少存在指数关系(相关系数为 0.957 6)：

$$r_{\text{med}} = r_{\text{med}0}\, e^{-\frac{p}{p_0}},\qquad p_0 = 1/0.006 \tag{3-4}$$

式中，r_{med}为孔隙中值半径；$r_{\text{med}0}$ = 9.16 μm 为驱替压差 = 0 时原始孔隙中值半径。

如图 3-23 所示，以初始时刻最大孔隙半径为基准，驱替压差的增大与最大孔隙半径数据的减少同样存在指数关系(相关系数为 0.869 2)：

$$r_{\max} = r_{\max 0}\, e^{-\frac{p}{p_0}},\qquad p_0 = 1/0.011 \tag{3-5}$$

式中，$r_{\max}$为最大孔隙半径；$r_{\max 0}$ = 100 μm 为驱替压差 = 0 时最大孔隙半径。

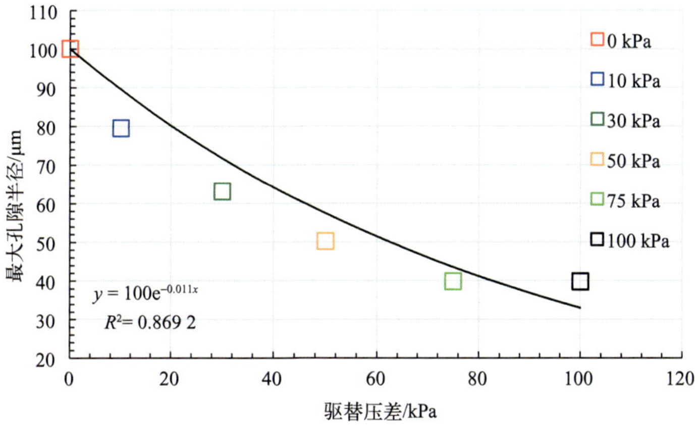

图 3-23 不同驱替压差下的最大孔隙半径分布图

3.2.3 不同驱替压差下喉道变化

如图 3-24 与图 3-25 所示，对二值化孔隙空间进行了压汞模拟[154]，获取不同驱替压差下的喉道半径分布与累积分布图。喉道半径的大小关乎储层孔隙连通性，是制约储层毛细管压力、渗透率高低的重要指标之一。从图中可以看到，喉道半径与孔隙半径的变化规律类似，随着驱替压差的增大，连接孔隙与孔隙之间的喉道半径逐渐降低，甚至闭合。

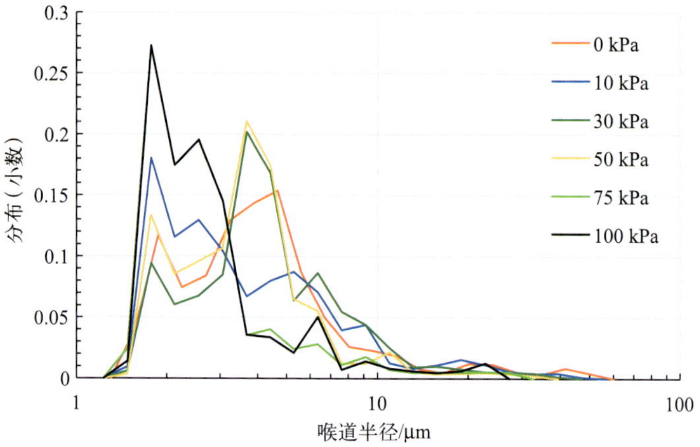

图 3-24　从三维孔隙数据中提取不同驱替压差下的喉道半径分布图

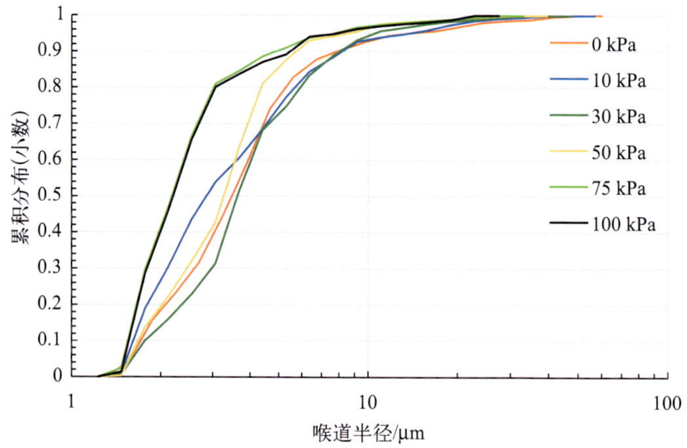

图 3-25　不同驱替压差下的喉道半径累积分布图

图 3-26、图 3-27 与图 3-28 分别为从喉道分布曲线中得出的不同驱替压差下的平均喉道半径、喉道中值半径与最大喉道半径。

如图 3-26 所示，以初始时刻平均喉道半径为基准，驱替压差的增大与平均喉道半径数据的减少呈明显的线性关系(相关系数为 0.891)：

$$t_{avg} - t_{avg0} = -\frac{p}{p_0}, \quad p_0 = 1/0.0222 \tag{3-6}$$

式中，t_{avg}为喉道平均半径；t_{avg0}为驱替压差=0 时平均喉道半径(μm)。

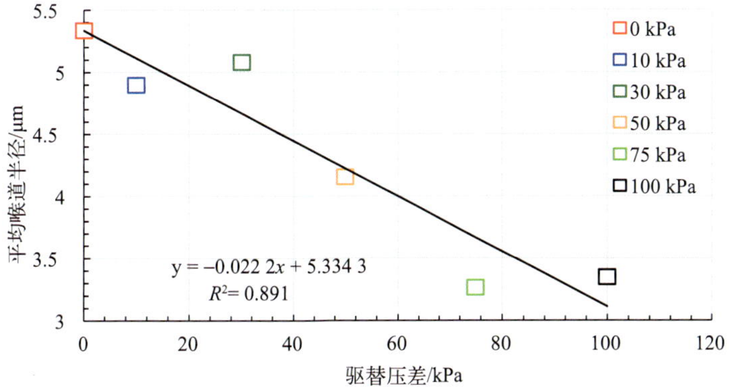

图 3-26　不同驱替压差下的平均喉道半径分布图

如图 3-27 所示，驱替压差的增大与喉道中值半径的减少存在一定线性关系(相关系数为 0.42)：

$$t_{med} = t_{med0}\, e^{\frac{-p}{p_0}}, \quad p_0 = 1/0.004 \tag{3-7}$$

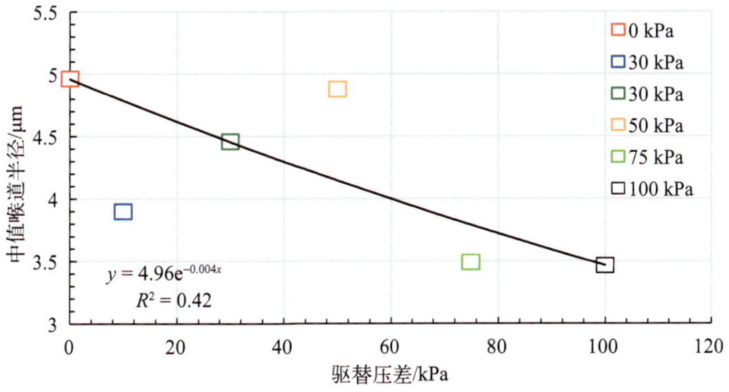

图 3-27　不同驱替压差下的中值喉道半径分布图

式中，t_{med}为喉道中值半径；$t_{med0}=4.96\ \mu m$，为驱替压差=0 时喉道中值半径。

如图 3-28 所示，以无驱替压差的最大喉道半径为基准，驱替压差的增大与最大喉道半径数据的减少有着明显的线性关系（相关系数为 0.997 5）：

$$t_{max}=t_{max0}\,e^{\frac{-p}{p_0}},\qquad p_0=1/0.008 \tag{3-8}$$

式中，t_{max}为最大喉道半径；$t_{max0}=49.87\ \mu m$ 为驱替压差=0 时最大喉道半径。

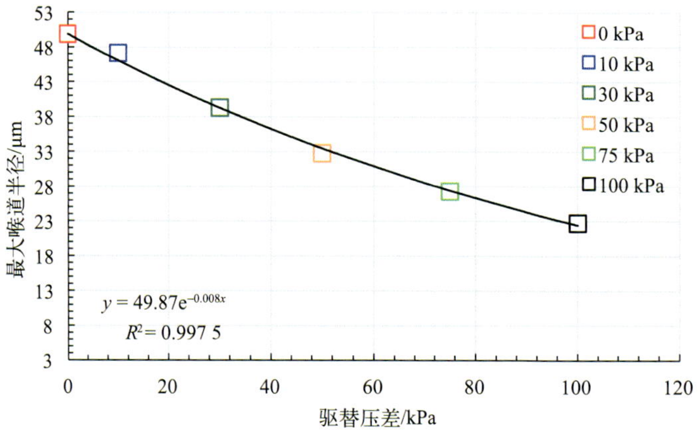

图 3-28　不同驱替压差下的最大喉道半径分布图

3.2.4　不同驱替压差下分形维数

在上述研究的基础上，使用 2.3.2 节中所介绍的计盒法，得到孔隙空间的分形维数，对样品多孔介质孔隙空间复杂特性进行研究。

在三维计盒法的算法中，使用不同边长 r_f的正方体盒子去覆盖图像，并记录包含孔隙的盒子的数量 N，则如果图像是分形的，那么 N 和 r_f将遵循以下定律：

$$N = r_f^{-D_f} \tag{3-9}$$

式中，D_f为分形维数。分形维数代表多孔介质孔隙形态总体复杂程度。孔隙度越大，则分形维数越大；孔隙度相当时，较高的分形维数代表非均质性较弱，孔隙空间形态发育越为复杂。

图 3-29 为不同驱替压差下的多孔介质三维分形维数，分形维数随驱替压差的变化主要受到孔隙度的影响，规律与孔隙度类似（图 3-18），以实验初始时刻驱替压差为 0 时刻的分形维数为基准，驱替压差的增大与分形维数数据的减少有着明显的线性关系（相关系数为 0.952）：

$$D_f - D_{f0} = -\frac{p}{p_0}, \quad p_0 = \frac{1}{0.000\,7} \tag{3-10}$$

式中，D_{f0}为 0 kPa 时样品原始的分形维数。

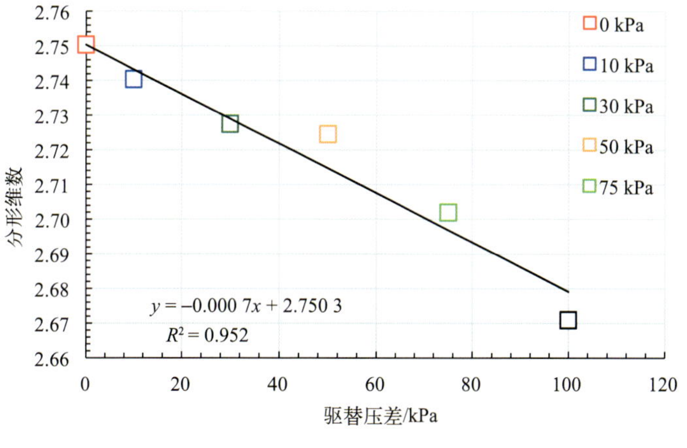

图 3-29　不同驱替压差下分形维数图

上述分形维数的计算结果为下面渗透率模型的建立提供了参数基础。

3.3 泥质粉砂蠕变多孔介质渗透率分形模型

3.3.1 模型构建

渗透率作为在岩石物理与油气田开发学科中的一个基本物性参数，已通过分形理论为桥梁建立起了它与微观孔隙结构之间的关系。基于分形几何理论，多孔介质中极小直径范围 λ 至 $d\lambda$ 内的孔隙可用下式计算[155]：

$$-dN = D_f \lambda_{max}^{D_f} \lambda^{-(D_f+1)} d\lambda \tag{3-11}$$

流体流过多孔介质中弯曲毛细管的流量 $q(\lambda)$ 满足 Hagen-Poiseulle 方程：

$$q(\lambda) = G \frac{P}{L_t} \frac{\lambda^4}{\mu} \tag{3-12}$$

式中，$G=\pi/128$ 为流体通过圆形毛细管时的形状因子；λ 为由连通孔隙组成的毛细管的直径，即为上节中所述喉道半径的 2 倍；P 为驱替压差；μ 为流体黏度；L_t 为弯曲毛细管的实际长度。基于式(3-11)，通过上述实验中夹持器填样横截面积 $A=50.27mm^2$(图3-1、图3-2、图3-3 所示夹持器)的总流量 Q 为

$$Q = -\int_{\lambda_{min}}^{\lambda_{max}} q(\lambda)\, dN(\lambda) = \frac{D_f}{4-D_f} \frac{\pi}{128} \frac{P}{\mu} \frac{\lambda_{max}^4}{\tau L_0} \tag{3-13}$$

式中，λ_{max} 为最大喉道直径；L_0 为与横截面垂直的毛细管长度；τ 为迂曲度，用下式计算[156]：

$$\tau = 1 - C\ln\phi \tag{3-14}$$

式中，C 为形状因子，本次研究取值 $C=0.5$($C=0.41$ 为球形颗粒，$C=$

0.63 为立方体)。最后，使用达西公式联立式(3-13)、式(3-14)，可得渗透率的表达式为[157]

$$k=\frac{Q\mu L_0}{AP}=\frac{\pi}{128A}\frac{D_f}{4-D_f}\frac{\lambda_{\max}^4}{\tau L_0} \tag{3-15}$$

将式(3-2)、式(3-8)、式(3-10)、式(3-14)代入式(3-15)，可得[157]：

$$k=\frac{\pi}{8A}\frac{D_{f0}-0.000\,7p}{4+0.000\,7p-D_{f0}}\frac{(t_{\max 0}-0.293\,4p)^4}{1-C\ln(\varphi_0-0.000\,7p)} \tag{3-16}$$

式(3-15)与式(3-16)为表征泥质粉砂多孔介质孔隙结构蠕变条件下的渗透率表达式，其中式(3-15)中所有的参数都具有相应的物理意义，且对应不同的实验驱替压差(10 kPa，30 kPa，50 kPa，75 kPa，100 kPa)，可通过相对应的实验样品结构参数数据来计算渗透率；式(3-16)可直接通过驱替压差为 0 时刻原始结构参数直接预测不同驱替压差下样品渗透率的变化。

3.3.2 对比分析

图 3-30 为式(3-15)、式(3-16)与图 3-14 在不同驱替压差下渗透率数值对比关系。

当驱替压差大于 30 kPa 时，基于分形理论构建的蠕变渗透率模型[式(3-15)、式(3-16)]与驱替实验获得的渗透率数据有着较好的一致性。可以证明在驱替压差较大时，构建的新模型能够较好地表征泥质粉砂多孔介质孔隙结构蠕变条件下渗透率的变化规律，可对大于 100 kPa 后没有进行实验的后续驱替压差点对应的渗透率变化进行预测。

当驱替压差小于 30 kPa 时，分形蠕变渗透率模型与渗流实验的渗透率数据相关性较差，实验开始时样品状态难以保持稳定是引起上述现象的原因之一。通过图 3-6、图 3-8、图 3-10、图 3-12 与图 3-14 可知，尤其当驱替压差等于 10 kPa 时样品流量、渗透率波动较大，其孔隙结构无法保持稳定，造成 CT 扫描获得 10 kPa 驱替压差下的微观结构参数有所偏差，最终影响基于这些结构参数推导的蠕变渗透率模型与实际渗透率数据的对比。

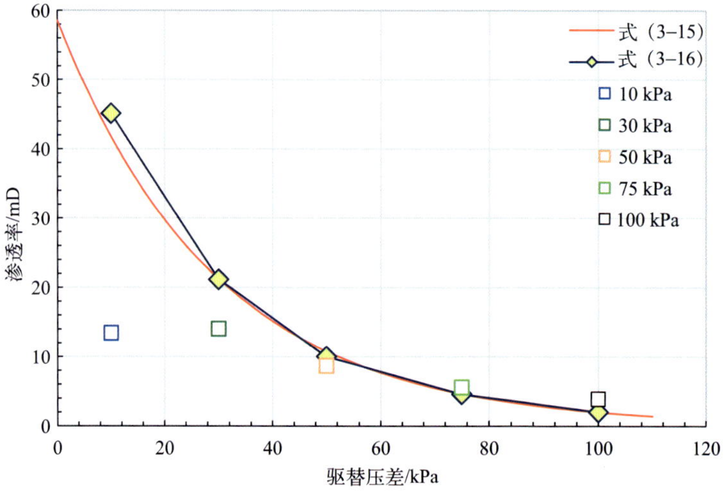

图 3-30　不同驱替压差下渗透率数据拟合对比图

在后续的研究中，进一步补充小驱替压差下的实验数据，以证明分形蠕变渗透率模型在较小驱替压差下的稳定性与正确性。

3.4　本章小结

本章内容主要研究井周天然气水合物完全分解区的绝对渗透率变化规律，在将来的研究中，研究区会向储层中扩展，研究储层中天然气水合物分解时对储层渗透率的影响，同时考虑泥质粉砂储层颗粒运移造成出砂现象的影响，从而表征含天然气水合物储层的渗透率的变化规律。

具体结论如下。

(1)泥质粉砂多孔介质渗透率与常规砂岩、页岩不同，其值会随驱替压差增高而降低，3 MPa/m 的驱替压力梯度是该类储层孔隙结构、渗透率发生急剧变化的临界点；驱替压力梯度小于 3 MPa/m 时，结构虽会发生蠕变，但孔隙结构与渗透特性均会保持相对稳定；大于 3 MPa/m 后，孔隙结构被迅速破坏，导致渗透率降低且不可逆，即使返回 3 MPa/m 以内也无法恢复。

(2)泥质粉砂多孔介质蠕变特性导致渗透率降低的本质原因是其受外力影响，孔隙度与驱替压差呈现明显负相关($R^2=0.953$)，随着驱替压差增加，孔隙空间发生变形，导致可供流体渗流的孔隙与喉道整体分布变窄，小孔喉数量增多，大孔喉数量减少，孔喉平均、中值半径变小，最大孔喉半径减少。

(3)基于分形几何理论，利用迂曲度、分形维数、最大喉道半径等结构参数建立不同驱替压力下泥质粉砂多孔介质渗透率模型，当大于 3 MPa/m 驱替压力梯度时，该模型计算渗透率与实验数据拟合较好，可有效预测驱替压力梯度进一步增大后的绝对渗透率变化；同时，可为后续第 5 章天然气水合物降压法开采数值模拟研究提供基础参数，详细讨论并分析泥质粉砂蠕变多孔介质渗透率流速敏感性与产气量的影响作用，为实际降压开采过程中储层绝对渗透率变化给予理论指导。

4 天然气水合物分解区气-水两相渗流能力研究

如前所述，泥质粉砂多孔介质不仅矿物成分与微观结构复杂，且具有蠕变特性，该类型天然气水合物在降压开采过程中，不同生产压差下储层绝对渗透率变化特征显著：压力梯度较小时，孔隙结构变形不明显，维持流体有效渗流能力的通道得以保持；压力梯度较大时，孔隙、喉道半径降低显著，绝对渗透率迅速下降且不可逆，严重影响流体渗流能力。同时，伴随开采天然气水合物分解前缘不断向矿体边界延伸，生产井周天然气水合物分解区不断扩大，天然气水合物分解后的甲烷气和水由分解前缘经泥质粉砂多孔介质构成的分解区向生产井井筒汇聚，最终被采出；这一过程中，除泥质粉砂多孔介质绝对渗透率以外，气-水两相相对渗透率则是制约该类型天然气水合物能否具有产能的另一个关键要素。

气-水两相渗流实验可以有效反映气、水两相共存条件下储层内某一相流体的渗流动态特征。国内外对于泥质粉砂储层多相渗流动态研究几乎处于空白，严重制约了该类型天然气水合物开采过程中多相多场渗流规律认识和产能评价工作，为后期开发方案编制、调整工作带来极大不确定性。

鉴于此，本章针对生产井周复杂的多相多场渗流能力动态变化难以厘清的难题，首先利用自主研发的一种地质储层径向流模拟系统，在考虑上覆地层压力的条件下，完成3组直井生产气-水两相渗流物理模拟实验，获取不同压力条件下近井周天然气水合物分解区内气-水两相渗流能力动态演化规律，获得气-水两相相对渗透率曲线；其次，利用CT技术测量海域泥质粉砂储层结构变化的装置，完成1组多孔介质微观孔隙结构与气-水两相渗流动态实验，获得气-水两相相对渗透率曲线，并从CT扫描数据中提取相关表征参数，基于分形毛细管理论建立了包含迂曲度、分形维数、最大孔隙半径等参数的相对渗透率表征模型，可有效预测储层相对渗透率变化规律，为有效了解、掌握分解区渗流动态特性提供理论支撑。

4.1 直井开采气-水两相径向渗流研究

4.1.1 实验设备

图4-1、图4-2与图4-3为自主研发的一种地质储层径向流模拟系统(ZL201811301889.1)。该套系统主要由气-水注入、覆压加载、气-水计量、回压加载、径向流反应釜等多套子系统构成；几套子系统主要功能分别为：提供高压气源和水源、提供覆压压实动力源、实现气-水分离并计量、提供出口位置处回压设置，径向流反应釜子系统是该套装置的核心，模拟储层中心一口垂直井开采；全系统能够实现在覆压条件下，模拟直井开采天然气水合物分解后的气-水两相径向渗流过程，并获取相关压力、流量等相关参数，计算得到相对渗透率曲线。

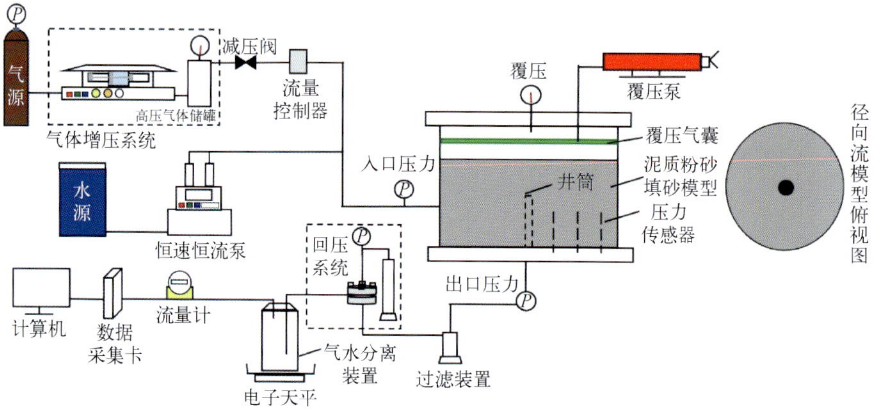

图 4-1　一种地质储层径向流模拟系统(ZL201811301889. 1)示意图

图 4-2　一种地质储层径向流模拟系统(ZL201811301889. 1)实物图

图 4-3　一种地质储层径向流模拟系统(ZL201811301889. 1)内部结构图

其中气-水注入子系统中配备高压计量泵，最高工作压力为50 MPa；稳压供液单元注液速率0~100 mL/min，速率可调；稳压供气单元氮气注入速率100~200 mL/min，速率可调；流速精度0.2%满量程；压力精度0.2%满量程；工作模式满足恒压、恒流与定体积跟踪。径向流反应釜子系统，设计最大耐压30 MPa；模型规格15 L。回压加载子系统，压力控制精度≤0.1 MPa。所有接口及模拟井筒均采用了防砂处理；同时，模拟井筒外圈及径向流釜体内圈均设计有陶粒渗透环，便于四周向中心井筒充分进行径向渗流。

出于安全因素考虑，实验中采用蒸馏水及纯度99%的氮气为注入相，其余实验相关参数见表4-1。

表4-1 实验装置相关参数

参数	数值	参数	数值
μ_w——20℃水的黏度，mPa·s	1.0	μ_g——20℃气的黏度，mPa·s	0.0178
r_e——供给边缘，cm	14.5	r_w——井筒半径，cm	1.3
h——渗流高度，cm	7.0	p_e——入口压力，$\times 10^{-1}$MPa	实验测值
p_w——出口压力，$\times 10^{-1}$MPa	实验测值	Q_w——水的流量，cm^3/s	实验测值
Q_g——气的流量，cm^3/s	实验测值		

4.1.2 实验流程

如图4-4所示，由于径向流实验模型规格为15 L，对样品需求量较高，任何单一储层来源均难以满足实验需求，因此实验样品选自南海神狐海域海底浅表层细粒沉积物。该类型沉积物，粒度中值为12 μm，矿物主要成分为石英53%、碳酸盐16%和黏土矿物26%~30%，黏土矿物主要成分为蒙脱石和伊利石[84]。

图 4-4　海底表层泥质粉砂沉积物

气-水两相相对渗透率曲线的获取方法主要有两种：①直接测定法，包括稳态法和非稳态法；②间接计算法，包括毛细管压力曲线、矿场资料及经验公式计算法等。其中，稳态法测定相对渗透率的方法主要是基于稳态流动时的达西公式和相对渗透率的定义式，即将气、水按一定流量比例恒速注入岩样，当进、出口压力及气、水流量稳定时，岩样含水饱和度也已稳定，测定进、出口压力及气、水流量，即可计算气、水有效渗透率及相对渗透率和相应的含水饱和度，并绘制气、水相对渗透率与含水饱和度的关系曲线。

基于现有设备条件，本次针对直井开采条件下的天然气水合物分解区泥质粉砂细粒沉积物气-水两相相对渗透率实验，采用稳态法开展相应研究工作。

4.1.2.1　实验步骤

实验步骤如下。

(1)将细粒沉积物烘干磨碎，填入模型反应釜内；

(2)样品不断加水压实(图 4-5)，设备封装，加覆压，饱和水；

图 4-5 样品压实

(3)将气、水按一定流量比例恒速注入样品仓，测定进、出口压力及气、水流量，计算样品含水饱和度，计算气、水有效渗透率；

(4)按照减气增水的方式，改变气、水注入比例，重复上述实验，即可得到不同含水饱和度条件下的气、水相对渗透率。

根据第 3 章阶段性研究结果，为保持泥质粉砂多孔介质孔隙结构与绝对渗透率相对稳定，排除获取气-水两相相对渗透率实验曲线过程中的不确定因素，实验中驱替压力梯度最大限度保持在 3 MPa/m 以下。

4.1.2.2 计算公式

(1)孔隙度计算：泥质粉砂填砂模型采用干样加水压实方法制成，无法通过称重法测量孔隙度，样品孔隙体积、孔隙度计算参考式(4-1)至式(4-3)获取：

$$V_p = V_t - \frac{m_0}{\rho_0} \tag{4-1}$$

$$V_t = \pi r_e^2 h_m - \pi r_w^2 h_m \tag{4-2}$$

$$\varphi = \frac{V_p}{V_t} \times 100\% \tag{4-3}$$

式中，V_p为孔隙体积(cm^3)；V_t为加水压实后样品总体积(cm^3)；h_m、h为填砂模型高度、井筒高度(cm)；m_0为累计干样质量(g)；ρ_0为干样密度(g/cm^3)，测量值为2.6 g/cm^3。

(2)含水饱和度计算：含水饱和度确定方法包括称重法、物质平衡法、电阻率方法等，由于本实验样品尺寸较大，采用物质平衡方法获取相应参数，即：流体累积注入样品体积-累积流出样品体积=样品中该流体体积变化量，只要准确地记录下进入和流出样品的流量，即可算出相应测试点样品中的流体饱和度。以j相的物质平衡为例：

$$S_j = S_{tj} + \frac{V_c f_j - V_{cj}}{V_p} \tag{4-4}$$

式中，S_j、S_{tj}为测试点、前一个测试点j相的饱和度；V_c为注入总流量(cm^3/s)；f_j为j相占注入总流量的比例；V_{cj}为j相流出样品的总体积(cm^3)；V_p为孔隙体积(cm^3)。

(3)气-水两相相对渗透率的计算：本次研究过程中，驱替压力梯度小于3 MPa/m，能够有效维持泥质粉砂多孔介质孔隙结构不发生变形，所以气-水两相相对渗透率曲线计算方法参考SY/T 5345—2007《岩石中两相流体相对渗透率测定方法》：

$$k_w = \frac{Q_w \mu_w \ln \frac{r_e}{r_w}}{2\pi h (p_e - p_w)} \tag{4-5}$$

$$k_g = \frac{Q_g \mu_g p_0 \ln \frac{r_e}{r_w}}{\pi h (p_e^2 - p_w^2)} \tag{4-6}$$

式中，k_w、k_g为水、气的有效渗透率（μm^2）；μ_w、μ_g为水、气的黏度（mPa·s）；r_e、r_w为供给边缘（样品模型）、井筒半径（cm）；p_e、p_w、p_0为供给边缘（入口）、井筒（出口）压力、大气压（×10^{-1}MPa）；Q_w、Q_g为水、气的流量（cm^3/s）；h为渗流高度（cm）。

实验中相关参数见表4-1，包括氮气、纯水黏度、径向流模型、井筒尺寸、渗流高度（井筒高度）等。

4.1.3 实验结果

4.1.3.1 第1组气-水两相径向渗流实验

本组实验累计装干样18 561.58 g，除以骨架密度2.6 g/cm^{3}得到骨架体积7 139 cm^3，测量得到填砂高度17 cm，孔隙体积、孔隙度计算按照式（4-1）至式（4-3），填砂模型体积减去内部井筒体积约为11 186 cm^3，孔隙体积4 047 cm^3。计算得到孔隙度为0.36，计算过程如下：

$$V_t = \pi r_e^2 h_m - \pi r_w^2 h = \pi \times 14.5^2 \times 17 - \pi \times 1.3^2 \times 7 \approx 11\ 186\ \text{cm}^3$$

$$V_p = V_t - \frac{m_0}{\rho_0} = 11\ 186 - \frac{18\ 561.58}{2.6} \approx 4\ 047\ \text{cm}^3$$

$$\varphi = \frac{V_p}{V_t} \times 100\% = \frac{4\ 047}{11\ 186} \times 100\% \approx 36.2\%$$

表4-2 第1组实验过程记录

日期/时间	操作	结果及备注
11-27/10:12	恒流注水2.0 mL/min	开始建立压差
11-27/14:45	恒流注水1.8 mL/min	注入持续2.5 h后，进出口压差接近0.6 MPa

续表

日期/时间	操作	结果及备注
11-27/17:23	恒流注水 1.6 mL/min	降低注水速率，降低进出口压差
11-28/10:43	连接气水分离装置	压差稳定在 0.53 MPa
11-28/10:58	进气压力 5.5 MPa； 恒流注气 30 mL/min； 恒流注水 1.0 mL/min	第 1 个测试点时长 100 h
12-02/11:30	恒流注气 60 mL/min； 恒流注水 0.5 mL/min	第 2 个测试点时长 70 h
12-05/10:39	恒流注气 70 mL/min； 恒流注水 0.2 mL/min	第 3 个测试点时长 53 h
12-07/16:12	恒流注气 80 mL/min	第 4 个测试点时长 53 h
12-09/09:26	恒流注气 15 mL/min； 恒流注水 1.3 mL/min	尝试改变模型内气水饱和度
12-09/10:00	回压阀失效中止实验；检修回压阀及过滤装置	出口压力不断降低，关闭进出口阀门，拆除回压阀、过滤装置并进行清洗
12-09/15:50	恢复实验 恒流注气 15 mL/min； 恒流注水 1.3 mL/min	进行时长 18 h
12-11/16:11	停止实验	压差仍不减小

表 4-2 显示，恒流 1.6 mL/min 注水 17.5 h 后，进出口流量为 1.6 mL/min，入口压力 4.789 MPa，出口压力 4.255 MPa，压差 0.53 MPa；单相注水稳定后，连接气水分离装置，设置进气压力 5.5 MPa，在实验第 25 小时开始气水两相渗流。

图 4-6、图 4-7 为第 1 组实验压差与进出口液体流速、压差与进出口气体流速关系曲线。

如图 4-6、图 4-7 所示，采用稳态法测量泥质粉砂样品气-水相渗

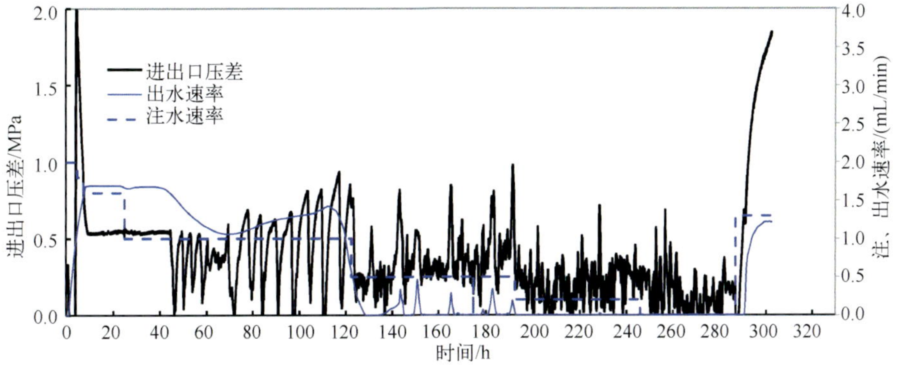

图 4-6　第 1 组实验压差与进出口液体流速关系曲线

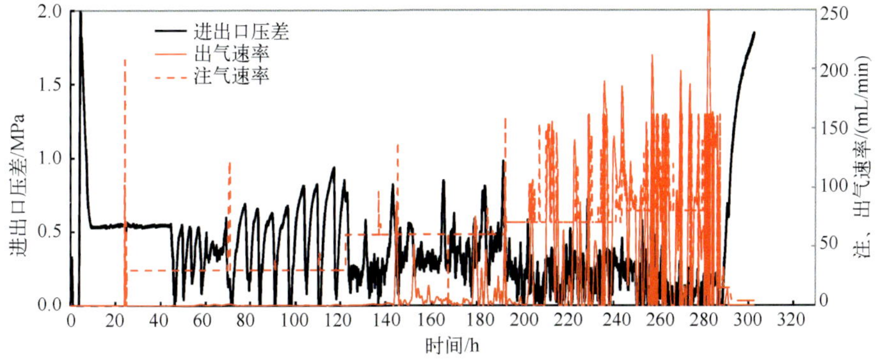

图 4-7　第 1 组实验压差与进出口气体流速关系曲线

过程中，由于泥质粉砂特性，压力、进出口瞬时流量难以稳定，但每个测试点一定时间进出口气、水总量可以稳定，即模型内气、水饱和度在测试过程中是可以稳定的，所以采用每个测试点过程中的平均进出口压力和进口注入速率来计算相应的各相有效渗透率。

首先计算样品饱和水后的水测绝对渗透率，恒流注水流量为 1.6 mL/min，进出口流量稳定时，进口压力为 4.789 MPa，出口压力为 4.255 MPa，计算得到水测样品绝对渗透率 0.274 mD，计算过程如下。

$$k_w = \frac{Q_w \mu_w \ln \frac{r_e}{r_w}}{2\pi h(p_e - p_w)} = \frac{1.6 \div 60 \times 1.0 \times \ln \frac{14.5}{1.3}}{2\pi \times 7 \times (4.789 \times 10 - 4.255 \times 10)} \times 1\,000$$

$$\approx 0.274 \text{ mD}$$

各测点间的气相、水相有效渗透率如上所示按式(4-5)、式(4-6)计算得出，但是第 5 个测试点进行前回压阀失效，清理回压阀恢复实验后，流量计不显示出气，气水分离装置内存在大量泡沫，即第 287 小时至第 305 小时内无法获取出口气量，第 5 个测点失效。

第 1 个测试点，恒流注水流量为 1.0 mL/min，恒流注气 30 mL/min，平均进口压力 4.705 MPa，平均出口压力 4.210 MPa，水相有效渗透率 0.185 mD，气相有效渗透率 0.002 21 mD，计算过程如下：

$$k_{w1} = \frac{Q_w \mu_w \ln \frac{r_e}{r_w}}{2\pi h(p_e - p_w)} = \frac{1.0 \div 60 \times 1.0 \times \ln \frac{14.5}{1.3}}{2\pi \times 7 \times (4.705 \times 10 - 4.210 \times 10)} \times 1\,000$$

$$\approx 0.185 \text{ mD}$$

$$k_{g1} = \frac{Q_g \mu_g p_0 \ln \frac{r_e}{r_w}}{\pi h(p_e^2 - p_w^2)} = \frac{30 \div 60 \times 0.017\,8 \times 1.0 \times \ln \frac{14.5}{1.3}}{\pi \times 7 \times (47.05^2 - 42.10^2)} \times 1\,000$$

$$\approx 0.002\,21 \text{ mD}$$

第 2 个测试点，恒流注水流量为 0.5 mL/min，恒流注气 60 mL/min，平均进口压力 4.585 MPa，平均出口压力 4.132 MPa，水相有效渗透率 0.101 mD，气相有效渗透率 0.004 94 mD，计算过程如下：

$$k_{w2} = \frac{Q_w \mu_w \ln \frac{r_e}{r_w}}{2\pi h(p_e - p_w)} = \frac{0.5 \div 60 \times 1.0 \times \ln \frac{14.5}{1.3}}{2\pi \times 7 \times (4.585 \times 10 - 4.132 \times 10)} \times 1\,000$$

$$\approx 0.101 \text{ mD}$$

$$k_{g2}=\frac{Q_g\mu_g p_0\ln\frac{r_e}{r_w}}{\pi h(p_e^2-p_w^2)}=\frac{60\div 60\times 0.0178\times 1.0\times\ln\frac{14.5}{1.3}}{\pi\times 7\times(45.85^2-41.32^2)}\times 1\,000$$

$$\approx 0.004\,94\ \text{mD}$$

第 3 个测试点，恒流注水流量为 0.2 mL/min，恒流注气 70 mL/min，平均进口压力 4.264 MPa，平均出口压力 3.992 MPa，水相有效渗透率 0.067 2 mD，气相有效渗透率 0.010 1 mD，计算过程如下：

$$k_{w3}=\frac{Q_w\mu_w\ln\frac{r_e}{r_w}}{2\pi h(p_e-p_w)}=\frac{0.2\div 60\times 1.0\times\ln\frac{14.5}{1.3}}{2\pi\times 7\times(4.264\times 10-3.992\times 10)}\times 1\,000$$

$$\approx 0.067\,2\ \text{mD}$$

$$k_{g3}=\frac{Q_g\mu_g p_0\ln\frac{r_e}{r_w}}{\pi h(p_e^2-p_w^2)}=\frac{70\div 60\times 0.0178\times 1.0\times\ln\frac{14.5}{1.3}}{\pi\times 7\times(42.64^2-39.92^2)}\times 1\,000$$

$$\approx 0.010\,1\ \text{mD}$$

第 4 个测试点，恒流注气 80 mL/min，平均进口压力 4.06 MPa，平均出口压力 3.888 MPa，束缚水饱和度下的气相有效渗透率为 0.019 0 mD，计算过程如下：

$$k_{g4}=\frac{Q_g\mu_g p_0\ln\frac{r_e}{r_w}}{\pi h(p_e^2-p_w^2)}=\frac{80\div 60\times 0.0178\times 1.0\times\ln\frac{14.5}{1.3}}{\pi\times 7\times(40.6^2-38.88^2)}\times 1\,000$$

$$\approx 0.019\,0\ \text{mD}$$

第 5 个测试点，恒流注水流量为 1.3 mL/min，恒流注气 15 mL/min，饱和度稳定期间，平均进口压力 6.01 MPa，平均出口压力 4.182 MPa，水相有效渗透率 0.065 mD，计算过程：

$$k_{w5}=\frac{Q_w\mu_w\ln\frac{r_e}{r_w}}{2\pi h(p_e-p_w)}=\frac{1.3\div 60\times 1.0\times\ln\frac{14.5}{1.3}}{2\pi\times 7\times(6.01\times 10-4.182\times 10)}\times 1\,000$$

$$\approx 0.065\ \text{mD}$$

同时，第 25 小时前经过较长时间单相水驱饱和水，假设模型中含水饱和度为 1.0；以开始气-水两相注入的第 122 小时为起点，记录径向流模型中注水和出水的总流量，水相进出体积差值为气相所占体积；若一定时间内，注水曲线与出水曲线平行，则可视为进、出口流量相等，模型内含水饱和度稳定；由进出水量差可计算得到含气体积、含水饱和度，气、水饱和度随时间变化曲线。整理各测点两相有效渗透率和饱和度数据，便可得到各点相对渗透率值，画出泥质粉砂多孔介质气-水两相相对渗透率曲线，如图 4-8、表 4-3 所示。

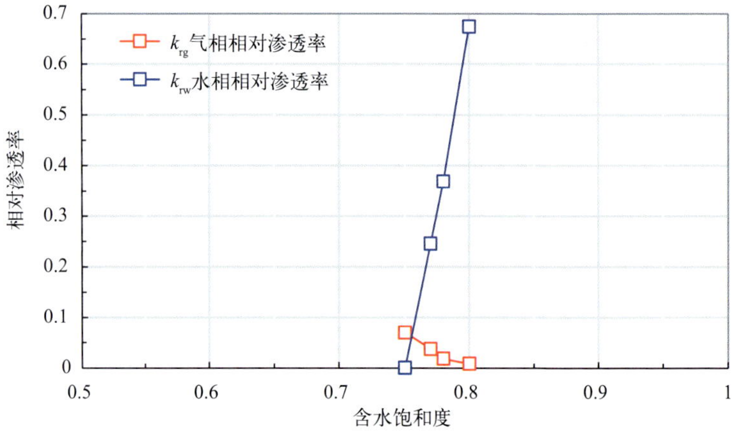

图 4-8　第 1 组实验气-水两相相对渗透率曲线图

表 4-3　第 1 组实验相对渗透率各项参数计算结果

测点	气速率/(mL/min)	水速率/(mL/min)	气相饱和度	水相饱和度	平均进口压力/MPa	平均出口压力/MPa	气相有效渗透率/mD	水相有效渗透率/mD	气相相对渗透率	水相相对渗透率
水驱	—	1.60	0.00	1.00	4.789	4.255	0.000	0.274	0.000	1.000
1	30.00	1.00	0.21	0.79	4.705	4.210	0.002 21	0.185	0.008	0.674
2	60.00	0.50	0.22	0.78	4.585	4.132	0.004 94	0.101	0.018	0.368
3	70.00	0.20	0.23	0.77	4.264	3.992	0.010 1	0.067 2	0.037	0.245
4	80.00	0.00	0.25	0.75	4.06	3.888	0.019 0	0.000	0.069	0.000
5	15.00	1.30	0.10	0.90	/	/	/	/	/	/

4.1.3.2 第2组气-水两相径向渗流实验

与第1组实验相同，本组实验累计装干样18.63 kg，除以骨架密度2.6 g/cm^{3}得到骨架体积7 165.78 cm^3，测量得到填砂高度17 cm，孔隙体积、孔隙度计算按照式(4-1)至式(4-3)，填砂模型体积减去内部井筒体积约为11 186 cm^3，孔隙体积4 020.22 cm^3。计算得到孔隙度为0.36，计算过程如下：

$$V_t = \pi r_e^2 h_m - \pi r_w^2 h = \pi \times 14.5^2 \times 17 - \pi \times 1.3^2 \times 7 \approx 11\ 186\ \text{cm}^3$$

$$V_p = V_t - \frac{m_0}{\rho_0} = 11\ 186 - \frac{18\ 630}{2.6} \approx 4\ 020.22\ \text{cm}^3$$

$$\varphi = \frac{V_p}{V_t} \times 100\% = \frac{4\ 020.22}{11\ 186} \times 100\% \approx 35.9\%$$

如表4-4所示，恒流2.0 mL/min注水15.5 h后，进出口流量及压差均稳定，进出口流量为2.0 mL/min，入口压力4.55 MPa，出口压力4.17 MPa，压差0.38 MPa，连接气水分离装置，设置进气压力5.5 MPa，第15.5小时开始气-水两相渗流。

表4-4 第2组实验过程记录

时间/h	操作	结果及备注
0~15.5	恒流注水2.0 mL/min	建立0.38 MPa压差
15.5~40.5	恒流注气20 mL/min，恒流注水1.6 mL/min	第1个测试点时长25 h
40.5~65	恒流注气40 mL/min，恒流注水1.2 mL/min	第2个测试点时长24.5 h
65~88.5	恒流注气50 mL/min，恒流注水1.0 mL/min	第3个测试点时长23.5 h
88.5~98.5	恒流注气60 mL/min，恒流注水0.8 mL/min	第4个测试点时长10 h
98.5~120	停电，更改测试顺序	水停，气未停
120~135	恒流注气100 mL/min	第5个测试点时长15 h

续表

时间/h	操作	结果及备注
135～160.5	恒流注气 80 mL/min，恒流注水 0.4 mL/min	第 6 个测试点时长 25.5 h
160.5～184	恒流注气 90 mL/min，恒流注水 0.2 mL/min	第 7 个测试点时长 23.5 h
184～208.5	恒流注气 95 mL/min，恒流注水 0.1 mL/min	第 8 个测试点时长 24.5 h

图 4-9、图 4-10 为第 2 组实验压差与进出口液体流速、压差与进出口气体流速关系曲线。

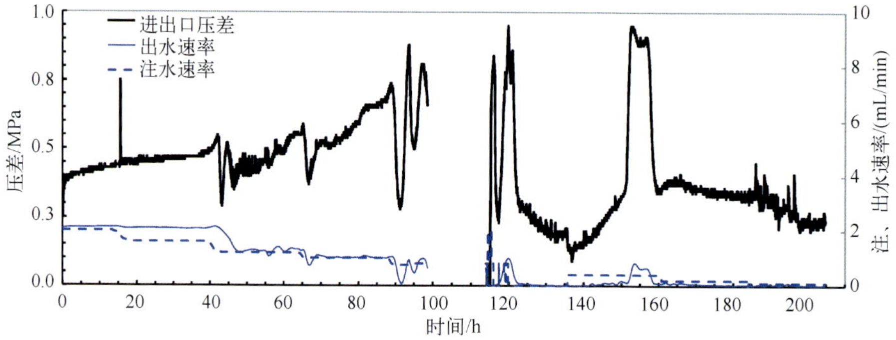

图 4-9　第 2 组实验压差与进出口液体流速关系曲线

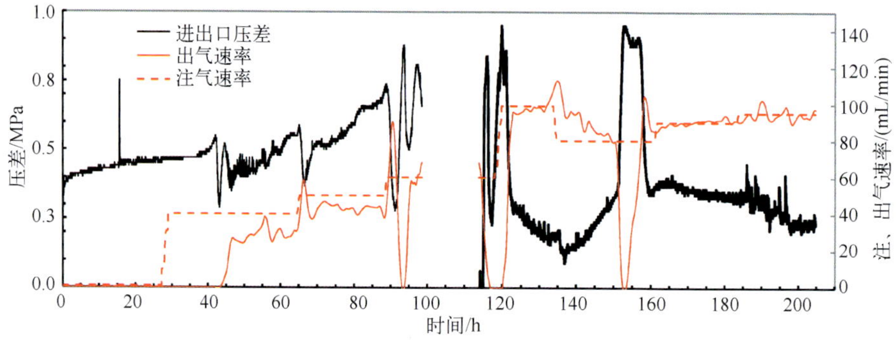

图 4-10　第 2 组实验压差与进出口气体流速关系曲线

首先计算样品饱和水后的水测有效渗透率，恒流注水流量为2.0 mL/min，进出口流量稳定时，计算的水测样品有效渗透率为0.481 mD，计算过程如下：

$$k_w=\frac{Q_w\mu_w\ln\frac{r_e}{r_w}}{2\pi h(p_e-p_w)}=\frac{2.0\div 60\times 1.0\times\ln\frac{14.5}{1.3}}{2\pi\times 7\times(4.55\times 10-4.17\times 10)}\times 1\,000$$

$$\approx 0.481\ \mathrm{mD}$$

各测点间的气相、水相有效渗透率按式(4-5)、式(4-6)计算得出：第1个测试点，恒流注水流量1.6 mL/min，恒流注气20 mL/min，平均进口压力4.71 MPa，平均出口压力4.17 MPa，水相有效渗透率0.270 8 mD，气相有效渗透率0.001 36 mD，计算过程如下：

$$k_{w1}=\frac{Q_w\mu_w\ln\frac{r_e}{r_w}}{2\pi h(p_e-p_w)}=\frac{1.6\div 60\times 1.0\times\ln\frac{14.5}{1.3}}{2\pi\times 7\times(4.71\times 10-4.17\times 10)}\times 1\,000$$

$$\approx 0.270\,8\ \mathrm{mD}$$

$$k_{g1}=\frac{Q_g\mu_g p_0\ln\frac{r_e}{r_w}}{\pi h(p_e^2-p_w^2)}=\frac{20\div 60\times 0.0178\times 1.0\times\ln\frac{14.5}{1.3}}{\pi\times 7\times(47.1^2-41.7^2)}\times 1\,000$$

$$\approx 0.001\,36\ \mathrm{mD}$$

第2个测试点，恒流注水流量1.2 mL/min，恒流注气40 mL/min，平均进口压力4.75 MPa，平均出口压力4.2 MPa，水相有效渗透率0.199 4 mD，气相有效渗透率0.002 64 mD，计算如下：

$$k_{w2}=\frac{Q_w\mu_w\ln\frac{r_e}{r_w}}{2\pi h(p_e-p_w)}=\frac{1.2\div 60\times 1.0\times\ln\frac{14.5}{1.3}}{2\pi\times 7\times(4.75\times 10-4.2\times 10)}\times 1\,000$$

$$\approx 0.1994\ \mathrm{mD}$$

$$k_{g2}=\frac{Q_g\mu_g p_0\ln\frac{r_e}{r_w}}{\pi h(p_e^2-p_w^2)}=\frac{40\div 60\times 0.0178\times 1.0\times\ln\frac{14.5}{1.3}}{\pi\times 7\times(47.5^2-42^2)}\times 1000$$

$$\approx 0.00264\ \mathrm{mD}$$

第 3 个测试点，恒流注水流量为 1.0 mL/min，恒流注气 50 mL/min，平均进口压力 4.76 MPa，平均出口压力 4.23 MPa，水相有效渗透率 0.172 4 mD，气相有效渗透率 0.003 41 mD，计算如下：

$$k_{w3}=\frac{Q_w\mu_w\ln\frac{r_e}{r_w}}{2\pi h(p_e-p_w)}=\frac{1.0\div 60\times 1.0\times\ln\frac{14.5}{1.3}}{2\pi\times 7\times(4.76\times 10-4.23\times 10)}\times 1000$$

$$\approx 0.1724\ \mathrm{mD}$$

$$k_{g3}=\frac{Q_g\mu_g p_0\ln\frac{r_e}{r_w}}{\pi h(p_e^2-p_w^2)}=\frac{50\div 60\times 0.0178\times 1.0\times\ln\frac{14.5}{1.3}}{\pi\times 7\times(47.6^2-42.3^2)}\times 1000$$

$$\approx 0.00341\ \mathrm{mD}$$

第 4 个测试点，恒流注水流量为 0.8 mL/min，恒流注气 60 mL/min，平均进口压力 4.69 MPa，平均出口压力 4.21 MPa，水相有效渗透率 0.152 3 mD，气相有效渗透率 0.004 57 mD，计算如下：

$$k_{w4}=\frac{Q_w\mu_w\ln\frac{r_e}{r_w}}{2\pi h(p_e-p_w)}=\frac{0.8\div 60\times 1.0\times\ln\frac{14.5}{1.3}}{2\pi\times 7\times(4.69\times 10-4.21\times 10)}\times 1000$$

$$\approx 0.1523\ \mathrm{mD}$$

$$k_{g4}=\frac{Q_g\mu_g p_0\ln\frac{r_e}{r_w}}{\pi h(p_e^2-p_w^2)}=\frac{60\div 60\times 0.017\ 8\times 1.0\times \ln\frac{14.5}{1.3}}{\pi\times 7\times(46.9^2-42.1^2)}\times 1\ 000$$

$$\approx 0.004\ 57\ \text{mD}$$

第 5 个测试点，恒流注气 100 mL/min，平均进口压力 4.44 MPa，平均出口压力 4.25 MPa，束缚水饱和度下的气相有效渗透率为 0.019 7 mD，计算过程如下：

$$k_{g4}=\frac{Q_g\mu_g p_0\ln\frac{r_e}{r_w}}{\pi h(p_e^2-p_w^2)}=\frac{100\div 60\times 0.017\ 8\times 1.0\times \ln\frac{14.5}{1.3}}{\pi\times 7\times(44.4^2-42.5^2)}\times 1\ 000$$

$$\approx 0.019\ 7\ \text{mD}$$

第 6 个测试点，恒流注水流量为 0.4 mL/min，恒流注气 80 mL/min，平均进口压力 4.69 MPa，平均出口压力 4.21 MPa，水相有效渗透率 0.104 5mD，气相有效渗透率 0.008 42 mD，计算如下：

$$k_{w6}=\frac{Q_w\mu_w\ln\frac{r_e}{r_w}}{2\pi h(p_e-p_w)}=\frac{0.4\div 60\times 1.0\times \ln\frac{14.5}{1.3}}{2\pi\times 7\times(4.69\times 10-4.21\times 10)}\times 1\ 000$$

$$\approx 0.104\ 5\ \text{mD}$$

$$k_{g6}=\frac{Q_g\mu_g p_0\ln\frac{r_e}{r_w}}{\pi h(p_e^2-p_w^2)}=\frac{80\div 60\times 0.0178\times 1.0\times \ln\frac{14.5}{1.3}}{\pi\times 7\times(46.9^2-42.1^2)}\times 1\ 000$$

$$\approx 0.008\ 42\ \text{mD}$$

第 7 个测试点，恒流注水流量为 0.2 mL/min，恒流注气 90 mL/min，平均进口压力 4.56 MPa，平均出口压力 4.24 MPa，水相有效渗透率

0.057 1 mD，气相有效渗透率 0.010 4 mD，计算过程如下：

$$k_{w7}=\frac{Q_w\mu_w\ln\frac{r_e}{r_w}}{2\pi h(p_e-p_w)}=\frac{0.2\div 60\times 1.0\times\ln\frac{14.5}{1.3}}{2\pi\times 7\times(4.56\times 10-4.24\times 10)}\times 1\,000$$

$$\approx 0.057\,1\ \text{mD}$$

$$k_{g7}=\frac{Q_g\mu_g p_0\ln\frac{r_e}{r_w}}{\pi h(p_e^2-p_w^2)}=\frac{90\div 60\times 0.0178\times 1.0\times\ln\frac{14.5}{1.3}}{\pi\times 7\times(45.6^2-42.4^2)}\times 1\,000$$

$$\approx 0.010\,4\ \text{mD}$$

第 8 个测试点，恒流注水流量为 0.1 mL/min，恒流注气 95 mL/min，平均进口压力 4.5 MPa，平均出口压力 4.22 MPa，水相有效渗透率 0.032 6 mD，气相有效渗透率 0.026 3 mD，计算如下：

$$k_{w8}=\frac{Q_w\mu_w\ln\frac{r_e}{r_w}}{2\pi h(p_e-p_w)}=\frac{0.1\div 60\times 1.0\times\ln\frac{14.5}{1.3}}{2\pi\times 7\times(4.50\times 10-4.22\times 10)}\times 1\,000$$

$$\approx 0.032\,6\ \text{mD}$$

$$k_{g8}=\frac{Q_g\mu_g p_0\ln\frac{r_e}{r_w}}{\pi h(p_e^2-p_w^2)}=\frac{95\div 60\times 0.0178\times 1.0\times\ln\frac{14.5}{1.3}}{\pi\times 7\times(45.0^2-42.2^2)}\times 1\,000$$

$$\approx 0.026\,3\ \text{mD}$$

整理各测点两相有效渗透率和饱和度数据，便可得到各点相对渗透率值，画出泥质粉砂多孔介质气-水两相相对渗透率曲线，如图 4-11、表 4-5 所示。

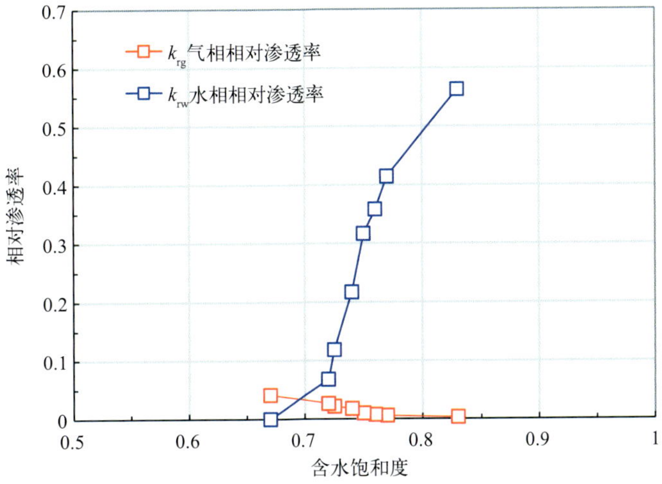

图 4-11　第 2 组实验气-水两相相对渗透率曲线图

表 4-5　第 2 组实验相对渗透率各项参数计算结果

测点	气速率/(mL/min)	水速率/(mL/min)	气相饱和度	水相饱和度	平均进口压力/MPa	平均出口压力/MPa	气相有效渗透率/mD	水相有效渗透率/mD	气相相对渗透率	水相相对渗透率
水驱	—	2.0	0	1	4.55	4.17	0.000 0	0.481 0	0.000 0	1.000 0
1	20	1.6	0.17	0.83	4.71	4.17	0.001 36	0.270 8	0.002 8	0.563 0
2	40	1.2	0.23	0.77	4.75	4.2	0.002 64	0.199 4	0.005 5	0.414 5
3	50	1.0	0.24	0.76	4.76	4.23	0.003 41	0.172 4	0.007 1	0.358 5
4	60	0.8	0.25	0.75	4.69	4.21	0.004 57	0.152 3	0.009 5	0.316 7
5	100	0	0.26	0.74	4.69	4.25	0.019 7	0.000 0	0.017 5	0.217 1
6	80	0.4	0.275	0.725	4.44	4.21	0.008 42	0.104 5	0.041 0	0.000 0
7	90	0.2	0.28	0.72	4.56	4.24	0.010 4	0.057 1	0.021 6	0.118 8
8	95	0.1	0.33	0.67	4.5	4.22	0.026 3	0.032 6	0.012 7	0.067 9

4.1.3.3 第 3 组气–水两相径向渗流实验

本组实验累计装干样 18 787 g，除以骨架密度 2.6 g/cm^{3}得到骨架体积 7 226 cm^3，测量得到填砂高度 17 cm，孔隙体积、孔隙度计算按照式(4–1)至式(4–3)，填砂模型体积减去内部井筒体积约为 11 186 cm^3，孔隙体积 3 960 cm^3。计算得到孔隙度为 0.354，计算过程如下：

$$V_t = \pi r_e^2 h_m - \pi r_w^2 h = \pi \times 14.5^2 \times 17 - \pi \times 1.3^2 \times 7 \approx 11\ 186\ \text{cm}^3$$

$$V_p = V_t - \frac{m_0}{\rho_0} = 11\ 186 - \frac{18\ 787}{2.6} \approx 3\ 960\ \text{cm}^3$$

$$\varphi = \frac{V_p}{V_t} \times 100\% = \frac{3\ 960}{11\ 186} \times 100\% \approx 35.4\%$$

如表 4–6 所示，恒流 1.4 mL/min 注水 19 h 后，进出口流量及压差均稳定，进出口流量为 1.4 mL/min，进口压力 4.93 MPa，出口压力 4.33 MPa，压差 0.6 MPa；单相注水稳定后，连接气水分离装置，按照含水饱和度从小到大顺序测试，先注气将样品驱替至束缚水饱和度，恒流注气 30 mL/min 至第 44.5 小时；拟定第 1 个测试点注气 50 mL/min，注水 0.4 mL/min 至第 71.5 小时，由于断电无法自动记录数据，暂停实验后进行维修设备，继续单相注水将样品驱替至束缚气饱和度。

表 4–6 第 3 组实验过程记录表

时间/h	操作	备注
0~19	恒流注水 1.4 mL/min	建立 0.6 MPa 稳定压差
19~44.5	恒流注气 30 mL/min	将样品驱替至束缚水饱和度，尝试从左向右测试

续表

时间/h	操作	备注
44.5~71.5	尝试注气 50 mL/min，注水 0.4 mL/min	尝试左侧第 1 个测点，由于设备进气不稳、停电等原因，左向右失败
71.5~114.5	恒流注水 0.8 mL/min	恢复注水将样品驱替至束缚气饱和度，第 1 个测试点，时长 43 h
114.5~144	恒流注气 15 mL/min， 恒流注水 0.5 mL/min	第 2 个测试点时长 29.5 h
144~163.5	恒流注气 20 mL/min， 恒流注水 0.4 mL/min	第 3 个测试点时长 19.5 h
163.5~191	恒流注气 30 mL/min， 恒流注水 0.3 mL/min	第 4 个测试点时长 27.5 h
191~218	恒流注气 35 mL/min， 恒流注水 0.2 mL/min	第 5 个测试点时长 27 h
218~311	恒流注气 40 mL/min， 恒流注水 0.1 mL/min	中途出现注气不稳，后半段注气速率增至 45 mL/min； 第 6 个测试点时长 93 h，计算取 40 mL/min 段数据
311~335	恒流注气 30 mL/min	第 7 个测试点时长 24 h

图 4-12、图 4-13 为第 3 组实验压差与进出气体流速、压差与进出口液体流速关系曲线。

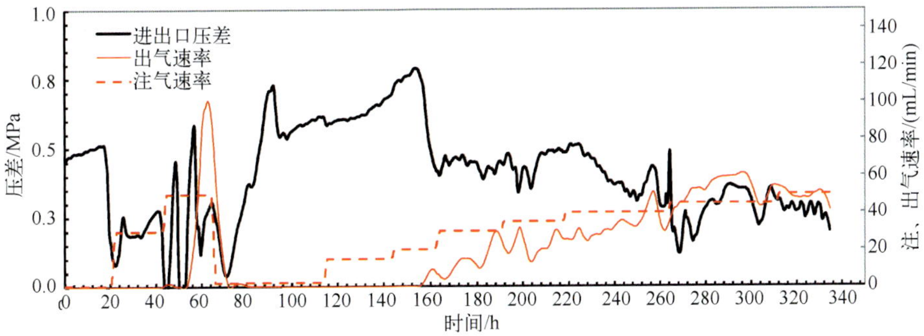

图 4-12　第 3 组实验压差与进出口气体流速关系曲线

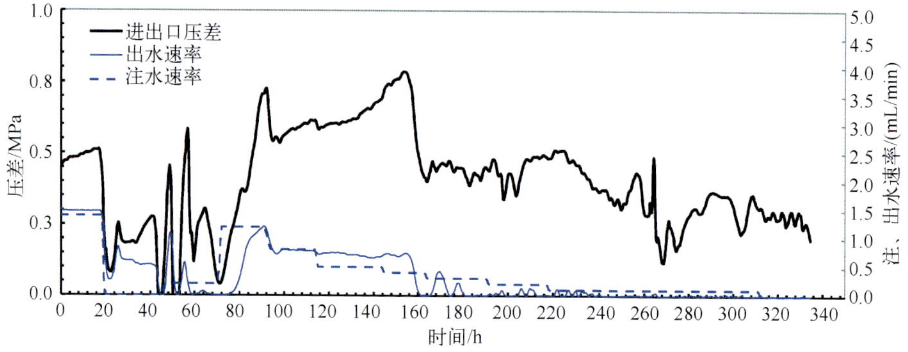

图 4-13　第 3 组实验压差与进出口液体流速关系曲线

首先计算样品饱和水后的水测有效渗透率，恒流注水流量为 1.4 mL/min，进出口流量稳定时，平均进口压力为 4.93 MPa，平均出口压力 4.33 MPa，计算的水测样品有效渗透率为 0.213 3 mD，计算过程如下：

$$k_w = \frac{Q_w \mu_w \ln \frac{r_e}{r_w}}{2\pi h(p_e - p_w)} = \frac{1.4 \div 60 \times 1.0 \times \ln \frac{14.5}{1.3}}{2\pi \times 7 \times (4.93 \times 10 - 4.33 \times 10)} \times 1\,000$$

$$\approx 0.213\,3 \text{ mD}$$

与前两组实验相同，各测点间的气相、水相有效渗透率按式(4-5)、式(4-6)计算得出。

第 1 个测试点，恒流注水流量为 0.8 mL/min，平均进口压力 4.85 MPa，平均出口压力 4.24 MPa，水相有效渗透率 0.119 9 mD，计算过程如下：

$$k_{w1} = \frac{Q_w \mu_w \ln \frac{r_e}{r_w}}{2\pi h(p_e - p_w)} = \frac{0.8 \div 60 \times 1.0 \times \ln \frac{14.5}{1.3}}{2\pi \times 7 \times (4.85 \times 10 - 4.24 \times 10)} \times 1\,000$$

$$\approx 0.119\,9 \text{ mD}$$

第 2 个测试点，恒流注水流量为 0.5 mL/min，恒流注气 15 mL/min，平均进口压力 4.86 MPa，平均出口压力 4.21 MPa，水相有效渗透率 0.070 3 mD，气相有效渗透率 0.000 83 mD，计算过程如下：

$$k_{w2} = \frac{Q_w \mu_w \ln \frac{r_e}{r_w}}{2\pi h(p_e - p_w)} = \frac{0.5 \div 60 \times 1.0 \times \ln \frac{14.5}{1.3}}{2\pi \times 7 \times (4.86 \times 10 - 4.21 \times 10)} \times 1\ 000$$

$$\approx 0.070\ 3\ \text{mD}$$

$$k_{g2} = \frac{Q_g \mu_g p_0 \ln \frac{r_e}{r_w}}{\pi h(p_e^2 - p_w^2)} = \frac{15 \div 60 \times 0.017\ 8 \times 1.0 \times \ln \frac{14.5}{1.3}}{\pi \times 7 \times (48.6^2 - 42.1^2)} \times 1\ 000$$

$$\approx 0.000\ 83\ \text{mD}$$

第 3 个测试点，恒流注水流量为 0.4 mL/min，恒流注气 20 mL/min，平均进口压力 4.95 MPa，平均出口压力 4.21 MPa，水相有效渗透率 0.049 4 mD，气相有效渗透率 0.000 96 mD，计算过程如下：

$$k_{w3} = \frac{Q_w \mu_w \ln \frac{r_e}{r_w}}{2\pi h(p_e - p_w)} = \frac{0.4 \div 60 \times 1.0 \times \ln \frac{14.5}{1.3}}{2\pi \times 7 \times (4.95 \times 10 - 4.21 \times 10)} \times 1\ 000$$

$$\approx 0.049\ 4\ \text{mD}$$

$$k_{g3} = \frac{Q_g \mu_g p_0 \ln \frac{r_e}{r_w}}{\pi h(p_e^2 - p_w^2)} = \frac{20 \div 60 \times 0.017\ 8 \times 1.0 \times \ln \frac{14.5}{1.3}}{\pi \times 7 \times (49.5^2 - 42.1^2)} \times 1\ 000$$

$$\approx 0.000\ 96\ \text{mD}$$

第 4 个测试点，恒流注水流量为 0.3 mL/min，恒流注气 30 mL/min，平均进口压力 4.67 MPa，平均出口压力 4.22 MPa，水相有效渗透率 0.060 9 mD，气相有效渗透率 0.002 43 mD，计算过程如下：

$$k_{w4} = \frac{Q_w \mu_w \ln \frac{r_e}{r_w}}{2\pi h(p_e - p_w)} = \frac{0.3 \div 60 \times 1.0 \times \ln \frac{14.5}{1.3}}{2\pi \times 7 \times (4.67 \times 10 - 4.22 \times 10)} \times 1\ 000$$

$$\approx 0.0609\ \text{mD}$$

$$k_{g4}=\frac{Q_g\mu_g p_0\ln\dfrac{r_e}{r_w}}{\pi h(p_e^2-p_w^2)}=\frac{30\div 60\times 0.0178\times 1.0\times\ln\dfrac{14.5}{1.3}}{\pi\times 7\times(46.7^2-42.2^2)}\times 1\,000$$

$$\approx 0.00243\ \text{mD}$$

第 5 个测试点，恒流注水流量为 0.2 mL/min，恒流注气 35 mL/min，平均进口压力 4.82 MPa，平均出口压力 4.34 MPa，水相有效渗透率 0.038 1 mD，气相有效渗透率 0.002 59 mD，计算过程如下：

$$k_{w5}=\frac{Q_w\mu_w\ln\dfrac{r_e}{r_w}}{2\pi h(p_e-p_w)}=\frac{0.2\div 60\times 1.0\times\ln\dfrac{14.5}{1.3}}{2\pi\times 7\times(4.82\times 10-4.34\times 10)}\times 1\,000$$

$$\approx 0.0381\ \text{mD}$$

$$k_{g5}=\frac{Q_g\mu_g p_0\ln\dfrac{r_e}{r_w}}{\pi h(p_e^2-p_w^2)}=\frac{35\div 60\times 0.0178\times 1.0\times\ln\dfrac{14.5}{1.3}}{\pi\times 7\times(48.2^2-43.4^2)}\times 1\,000$$

$$\approx 0.00259\ \text{mD}$$

第 6 个测试点，恒流注水流量为 0.1 mL/min，恒流注气 40 mL/min，平均进口压力 4.29 MPa，平均出口压力 3.94 MPa，水相有效渗透率 0.026 1 mD，气相有效渗透率 0.004 52 mD，计算过程如下：

$$k_{w6}=\frac{Q_w\mu_w\ln\dfrac{r_e}{r_w}}{2\pi h(p_e-p_w)}=\frac{0.1\div 60\times 1.0\times\ln\dfrac{14.5}{1.3}}{2\pi\times 7\times(4.29\times 10-3.94\times 10)}\times 1\,000$$

$$\approx 0.0261\ \text{mD}$$

$$k_{g6}=\frac{Q_g\mu_g p_0\ln\dfrac{r_e}{r_w}}{\pi h(p_e^2-p_w^2)}=\frac{40\div 60\times 0.0178\times 1.0\times\ln\dfrac{14.5}{1.3}}{\pi\times 7\times(42.9^2-39.4^2)}\times 1\,000$$

$$\approx 0.004\ 51\ \text{mD}$$

第 7 个测试点，恒流注气 30 mL/min，平均进口压力 4.36 MPa，平均出口压力 4.31 MPa，水相有效渗透率 0 mD，气相有效渗透率 0.022 5 mD，计算过程如下：

$$k_{g7}=\frac{Q_g\mu_g p_0\ln\frac{r_e}{r_w}}{\pi h(p_e^2-p_w^2)}=\frac{30\div 60\times 0.017\ 8\times 1.0\times \ln\frac{14.5}{1.3}}{\pi\times 7\times(43.6^2-43.1^2)}\times 1\ 000$$

$$\approx 0.022\ 5\ \text{mD}$$

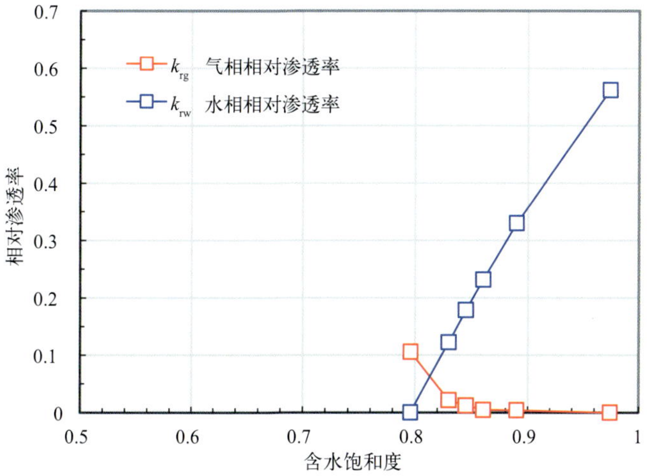

图 4-14　第 3 组实验气-水两相相对渗透率曲线图

表 4-7　第 3 组实验相对渗透率各项参数计算结果

测点	气速率/(mL/min)	水速率/(mL/min)	气相饱和度	水相饱和度	平均进口压力/MPa	平均出口压力/MPa	气相有效渗透率/mD	水相有效渗透率/mD	气相相对渗透率	水相相对渗透率
水驱	—	1.4	0	1	4.93	4.33	0.000 0	0.213 3		
1	0	0.8	0.026	0.974	4.85	4.24	0.000 0	0.119 9	0.000 0	0.562 1
2	15	0.5	0.11	0.89	4.86	4.21	0.000 83	0.070 3	0.003 9	0.329 7

续表

测点	气速率/（mL/min）	水速率/（mL/min）	气相饱和度	水相饱和度	平均进口压力/MPa	平均出口压力/MPa	气相有效渗透率/mD	水相有效渗透率/mD	气相相对渗透率	水相相对渗透率
3	20	0.4	0.14	0.86	4.95	4.21	0.000 96	0.049 4	0.004 5	0.231 7
4	30	0.3	0.1	0.9	4.67	4.22	0.002 43	0.060 9	0.011 4	0.285 7
5	35	0.2	0.155	0.845	4.82	4.34	0.002 59	0.038 1	0.012 1	0.178 6
6	40	0.1	0.17	0.83	4.29	3.94	0.004 52	0.026 1	0.021 2	0.122 4
7	30	0	0.204	0.796	4.36	4.31	0.022 5	0.000 0	0.105 6	0.000 0

4.1.4 对比分析

本次研究使用径向渗流模型装置，利用稳态法共对三组泥质粉砂沉积物多孔介质进行气-水两相渗透率测定，绝对渗透率分别为0.274 mD、0.481 mD和0.213 mD；由于流体饱和度分布及流体流动的渗流通道直接与绝对渗透率有关，因而反应各相流体渗流阻力大小的相对渗透率曲线也必然受其影响。

如图4-15所示，对于气相、水相、泥质粉砂沉积物（固相）系统来说，固相内黏土矿物含量高，水是强润湿相，气为非润湿相，三组实验结果曲线形态大体相同，曲线特征点数值不同，这是由泥质粉砂沉积物复杂多变的孔隙结构特征决定的；绝对渗透较高的泥质粉砂沉积物呈现出两相共渗区的范围大、等渗点偏左、束缚水饱和度低的特点；绝对渗透率较低的样品，孔隙喉道更小，孔隙结构更复杂，毛细管力更大，不利于气体进行驱替，情况与高渗透率情况刚好相反，这与Morgan等[158]利用两种不同孔隙结构、不同渗透率的砂岩所作的油-水相对渗透率曲线规律一致。

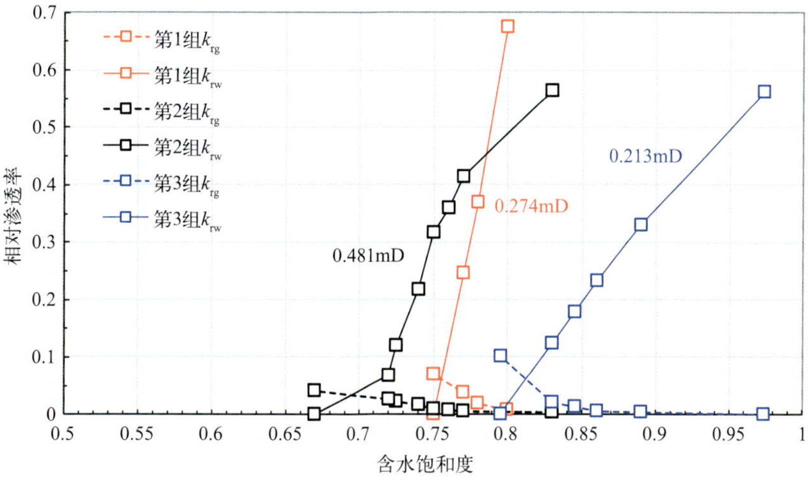

图 4-15　三组实验气-水两相相对渗透率曲线图

尽管绝对渗透率不同，但三组实验结果曲线的渗流特征基本相似。实验伊始，由于泥质粉砂沉积物中黏土矿物含量较高，多孔介质具有强亲水特征，孔隙壁上存在水膜、水环、水桥，且分布不均匀，在细小的喉道中也存在束缚水，导致毛细管压力增大，气体很难进入细小的喉道中进行有效驱替，只能沿数量有限的大孔道中心流动，气相和水相此时在径向流装置的流动形态主要为“水包气”，导致气体相对渗透率很低；伴随实验进一步开展，随含气饱和度不断升高，气水两相渗流干扰严重，水相渗透率迅速降低，这是因为主要流动通道——大孔道逐渐被气体占据，自由水含量减小，但气相渗透率并未大幅上升，样品中剩余结合水以环状分布于颗粒表面及颗粒角隅，严重影响气相流动性；气体饱和度增大，气团(气体分布不均匀，成团状分布)数量增多，“贾敏效应”对气体流动的影响增大。因此，气相、水相、泥质粉砂沉积物(固相)三相系统在束缚水饱和度条件下，气相相对渗透率偏低，最大有效气相相对渗透率值没有突破 0.1。

图 4-16 分别为常规砂岩、煤层气、致密砂岩等不同类型气藏储层的气-水两相相对渗透率曲线[159-161]。常规砂岩气藏束缚水饱和度低，随着含水饱和度上升，气相相对渗透率下降缓慢，水相相对渗透率上升也相对缓慢，两相共渗区宽，整体渗流能力好，实际开发中见水晚，含水率上升慢，稳产周期长；与常规砂岩相比，煤层气储层束缚水饱和度增大，随含水饱和度上升，气相相对渗透率下降缓慢，但水相相对渗透率上升较快，两相共渗区变窄，整体渗流能力有所降低，实际开发中见水提前，含水率上升变快，稳产周期变短；与前两种储层相比，致密砂岩气储层束缚水饱和度高，等渗点发生明显右偏移，随含水饱和度上升，等渗点左侧气相相对渗透率降低缓慢，水相相对渗透率起初上升缓慢，等渗点右侧气相相对渗透率呈直线形态迅速下降，水相相对渗透率快速上升，共渗区变窄，储层整体渗流能力相对较弱，实际开发中初期单井产量低，产气量递减快，含水率快速升高，后期不进行储层二次改

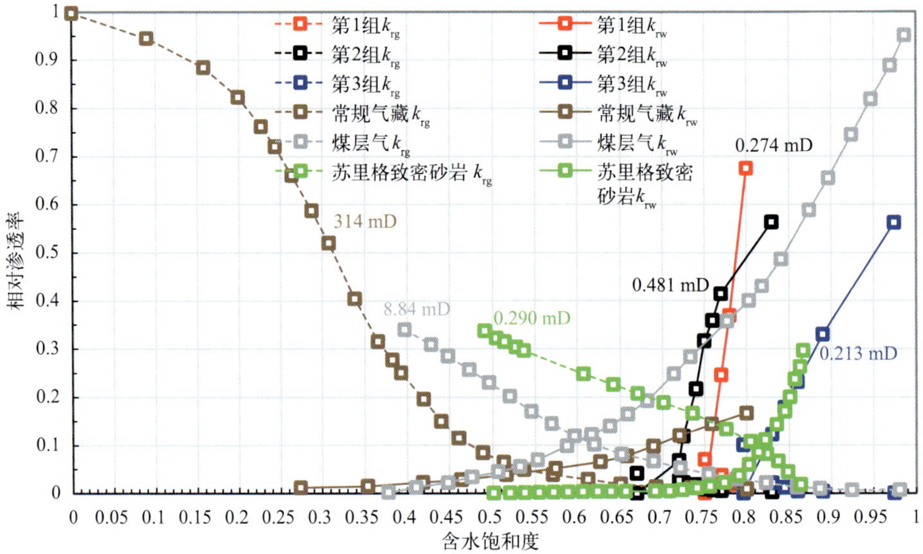

图 4-16　泥质粉砂沉积物与其他储层气-水两相相对渗透率曲线对比图

造基本只产水。

与上述三种典型的气-水两相相对渗透率曲线相比，三组泥质粉砂沉积物气-水两相相对渗透率曲线表现为等渗点整体发生右偏移，且等渗点更低，两相共渗区更窄，代表该类储层具有较高的束缚水饱和度，且低渗透亲水特征显著，通过第2章与第3章阶段性研究成果可知，上述典型特征主要受泥质粉砂多孔介质绝对渗透率、可动流体孔隙度、孔喉结构及黏土矿物含量等因素共同影响；同时，最大有效气相相对渗透率值没有突破0.1，某种程度上也反映出该型天然气水合物在发生分解后的气、水两相流体通过天然气水合物分解区被产出的难度较大。

图4-17为泥质粉砂沉积物与苏里格气田陕234-235井区7块储层样品的气-水两相相对渗透率曲线形态分类图，其两相曲线特征可以分为Ⅱ、Ⅲ、Ⅳ三类。通过前述对比，南海泥质粉砂沉积物气-水两相相对渗透率曲线不符合常规砂岩气藏和典型煤层气藏特征，而与苏里格致密砂岩气藏更为接近。

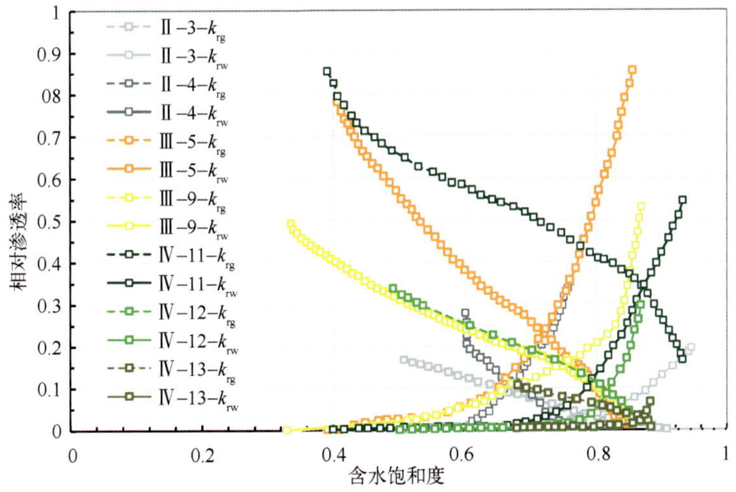

图4-17　苏里格气田陕234-235井区气-水两相相对渗透率曲线形态分类图

如图 4-18 所示，满足第Ⅱ类曲线特征的为 3 号、4 号样品。该类型曲线样品渗透率为 0.183~0.399 mD，平均 0.280 mD，束缚水饱和度为 34.70%~60.22%，平均 48.51%，束缚水饱和度所对应的最大气相相对渗透率为 0.182~0.383，平均为 0.268；在实际生产中表现为初期单井产量高，见水较慢，见水后含水量上升较快，具有一定的稳产时间。

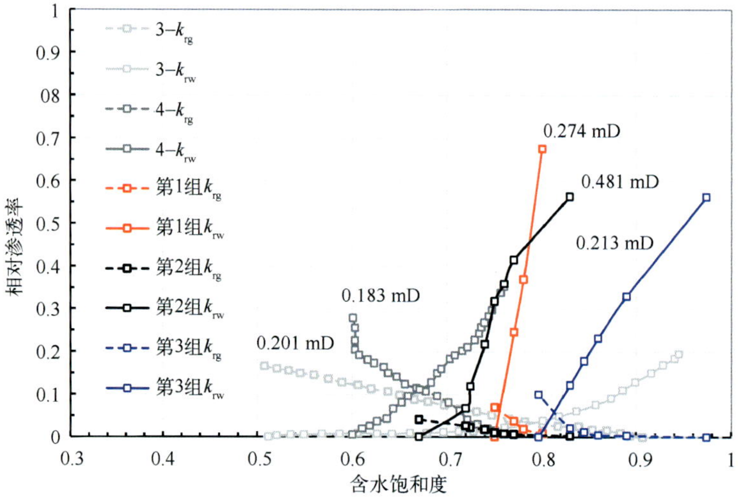

图 4-18　泥质粉砂沉积物与 234-235 井区第Ⅱ类气-水两相相对渗透率曲线对比图

如图 4-19 所示，满足第Ⅲ类曲线特征的为 5 号、9 号样品。该类型曲线样品的渗透率为 0.425~3.814 mD，平均为 1.320 mD，束缚水饱和度为 34.70%~60.22%，平均为 48.51%，束缚水饱和度所对应的最大气相相对渗透率为 0.495~0.831，平均为 0.669；在实际生产中表现为单井产量下降快，含水率快速上升，几乎不存在稳产阶段。

如图 4-20 所示，满足第Ⅳ类曲线特征的为 11 号、12 号与 13 号样品，该类型曲线样品的渗透率为 0.089~1.253 mD，平均为 0.480 mD，

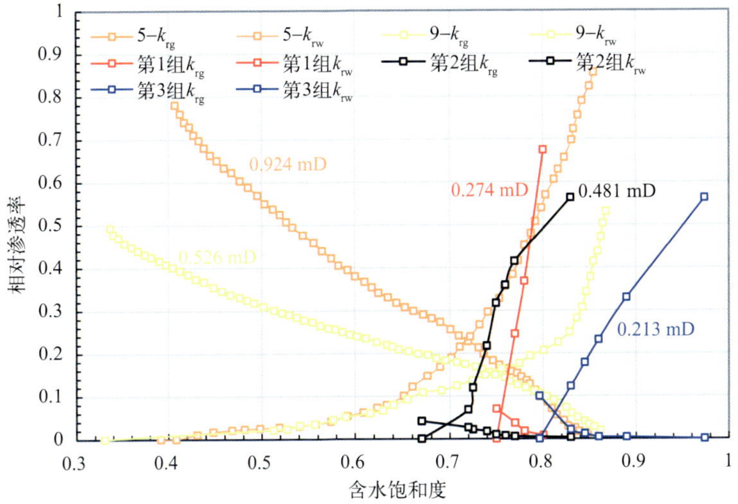

图 4-19 泥质粉砂沉积物与 234-235 井区第Ⅲ类气-水两相相对渗透率曲线对比图

束缚水饱和度为 38.90%~67.73%，平均为 54.13%，束缚水饱和度所对应的最大气相相对渗透率为 0.111~0.855，平均为 0.407；在实际生产中表现为初期单井产量低且递减较快，含水率快速升高，随后基本产水。

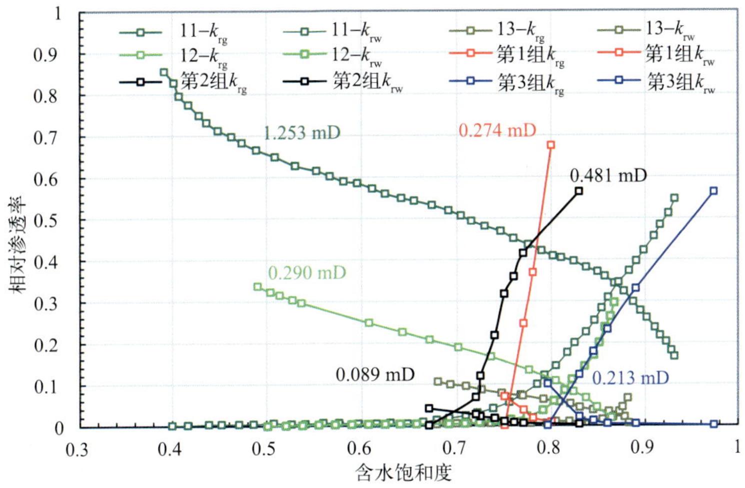

图 4-20 泥质粉砂沉积物与 234-235 井区第Ⅳ类气-水两相相对渗透率曲线对比图

如图4-21所示，泥质粉砂沉积物曲线特征渗透率范围为0.213～0.481 mD，平均为0.323 mD，束缚水饱和度为67.00%～79.60%，平均为73.87%，束缚水饱和度所对应的最大气相相对渗透率为0.041～0.1，平均为0.07；通过与苏里格气田陕234-235井区7块储层样品气-水两相相对渗透率曲线形态系统对比，发现与第Ⅳ类最为接近，同时具有更低的等渗点，更高的束缚水饱和度，最大气相相对渗透率更小，预示在此类储层中气相的流动能力更弱，单井递减速率更高，含水率迅速上升，几乎不存在稳产阶段，使用水平井与压裂改造等综合开采方式才可建产。

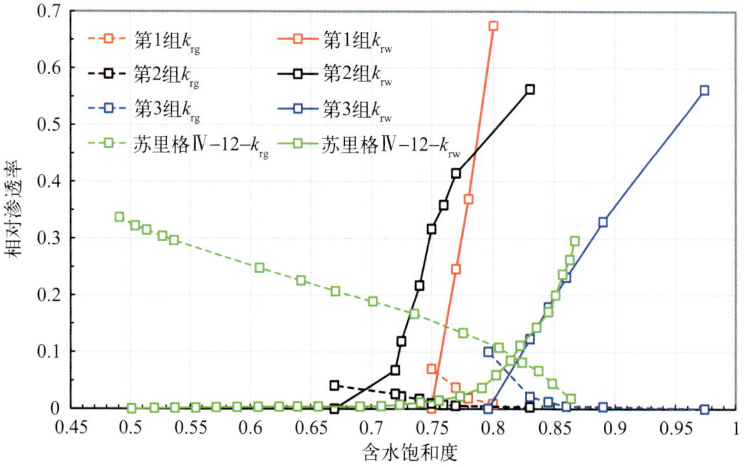

图4-21　泥质粉砂沉积物与234-235井区第Ⅳ类12号样品气-水两相相对渗透率曲线对比图

4.2　气-水两相微观渗流机理研究

4.2.1　实验设备

如图4-22、图4-23所示，在完成直井生产气-水两相径向流实验，获取两相相对渗透率曲线基础上，进一步利用自主研发的基于CT技术测量海域泥质粉砂储层结构变化装置与方法（JP 6782290U/2018-243249），开展1组泥质粉砂多孔介质微观孔隙结构与气-水两相渗流动态实验。泥质粉砂多孔介质气-水两相驱替实验系统主要由水泵、差压传感器、集成控制台、计算机、电子天平、无磁夹持器、质量流量计、气源与X-ray CT扫描仪共9个模块构成。

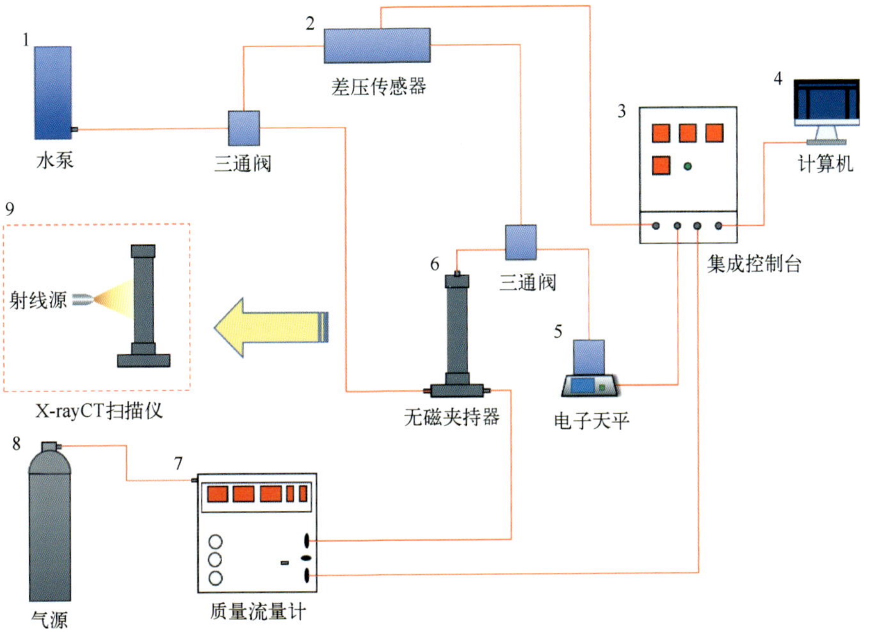

图4-22 基于CT技术测量泥质粉砂储层结构变化装置与方法示意图（JP 6782290U）

其中，水泵型号为Waters 515 HPLC Pump，可通过恒流模式稳定输出液体，精度为0.001 mL/min；差压传感器用于检测仪器进口与出口之间的压力差，精度为0.001 kPa；集成控制台用于控制质量流量计的流量，并显示、记录差压传感器、电子天平的读数；计算机用于实时记录、储存实验数据；电子天平用于记录无磁夹持器出口端液体质量，精度为0.000 1 g；气-水两相无磁夹持器用于装填实验测试样品，基本参

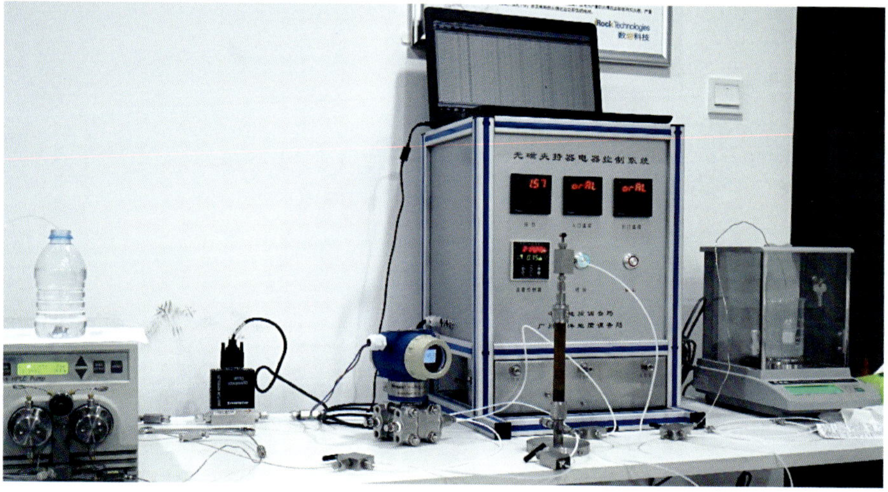

图 4-23 泥质粉砂多孔介质 CT 线上气-水两相驱替实验系统实物图(JP 6782290U)

数与图 3-2、图 3-3 所示单相夹持器相同，材质为 PEEK，具有无磁、高承压的特性，最高承压可达 10 MPa，夹持器填样空间直径为 8 mm，长度为 20 mm，在夹持器底部增加了气体进口，用于达成气、水两相流体同时注入；质量流量计用于控制气体以恒定流率注入，精度为 0.01 mL/min；气源为氮气气瓶，最高压力可达 15 MPa；X-ray CT 扫描仪器用于在实验过程中扫描获得样品微米级孔隙结构及多相流体分布，最高像素分辨率为 650 nm。

4.2.2 实验流程

如图 4-24 所示，与 3.1 节、3.2 节、4.1 节相同，基于 CT 的泥质粉砂沉积物两相驱替实验依旧使用稳态法，具体步骤如下。

(1)在无磁夹持器中装填适量干燥泥质粉砂样品，保证样品完全充填夹持器中规定长度的填样区域长度为 10 mm，未填满的部分样品长度利用 PEEK 材质的假岩芯替代，连接无磁夹持器与驱替系统，检查夹持

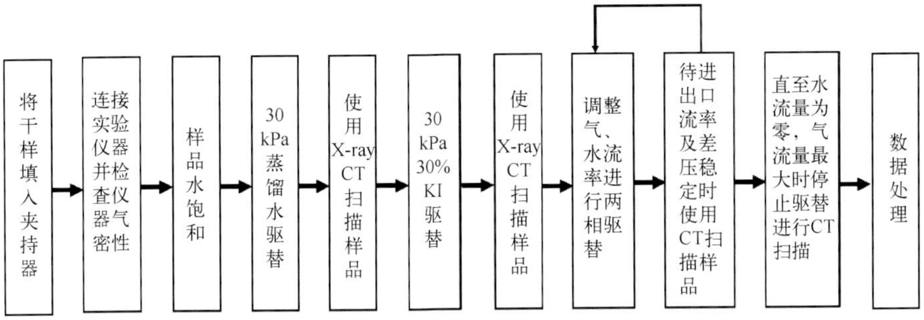

图 4-24　泥质粉砂多孔介质 CT 线上气-水两相驱替实验流程图

器、管线系统的密封性；

(2)向夹持器中注入蒸馏水，使样品 100%水饱和；

(3)根据第 3 章阶段性研究结果，为保持泥质粉砂多孔介质孔隙结构与绝对渗透率相对稳定，排除获取气-水两相相对渗透率实验曲线过程中的不确定因素，实验中驱替压力梯度小于 3 MPa/m，使用驱替泵以恒定压力 30 kPa 驱入蒸馏水至出口流量稳定，以稳定结构；

(4)将夹持器置于 CT 扫描仪中进行 CT 扫描，获取样品初始状态图像；

(5)同样使用 30 kPa 的驱替压力驱入 30% KI 溶液，直至 KI 溶液完全替换蒸馏水，获取此时 KI 溶液流率；

(6)将夹持器置于 CT 中进行扫描，获取样品 30% KI 饱和状态图像；

(7)接通气路，注入小流量氮气，同时以步骤(5)中 KI 溶液的流率为基准，减小注入的 KI 溶液的流量，保证样品两端差压小于 30 kPa，开始进行气水两相驱替，待进出口流率及差压稳定时，记录样品两端压差及此时的气、水流量；

(8)进行 CT 扫描，获取样品中气水分布状态；

(9)逐步增大注入氮气的流量，减小 KI 溶液的流量，重复步骤(7)和步骤(8)，直至水流量为零，气流量最大时停止实验。记录样品两端压差及气水流量，进行 CT 扫描，获取样品中气水分布状态；

(10)处理 CT 扫描图像，计算气、水饱和度，整理实验数据，计算气、水相对渗透率，绘制气-水两相相对渗透率曲线。

4.2.3 实验结果与分析

4.2.3.1 气、水两相饱和度计算

图 4-25 为两相实验中各阶段 CT 扫描原始灰度图像。

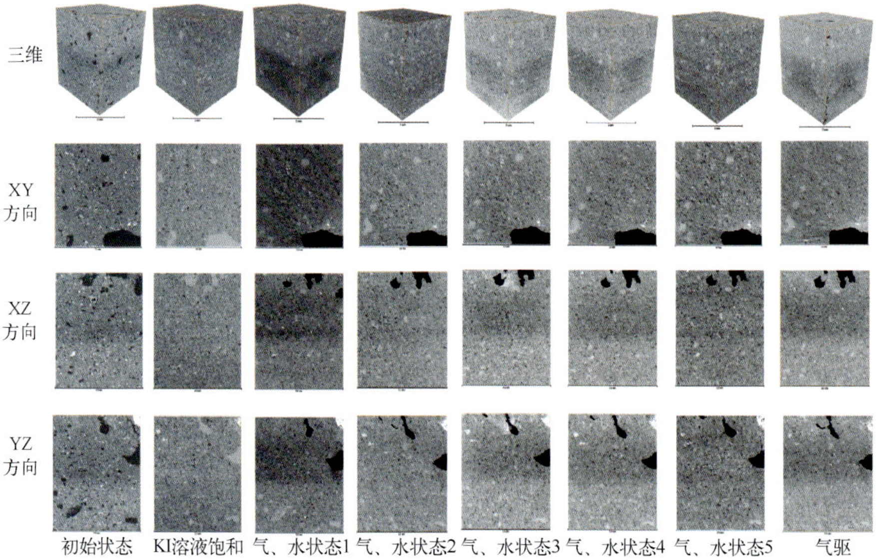

图 4-25 两相实验各阶段 CT 扫描原始灰度图像

与 4.1 节中径向流实验通过公式计算饱和度不同，本组实验通过处理 CT 图像来获取不同实验阶段的气、水两相饱和度，CT 扫描参数设置

为：电压 150 kV，扫描功率 10 W，扫描图像分辨率 2.455 7 μm，三维数据体大小为 1 000×1 000×1 100。

从初始状态 CT 图像分析，本次实验样品主要由小颗粒组成，分选较好；少见大半径颗粒，大尺度孔隙与小尺度孔隙并存，孔隙发育较好；大孔隙中 KI 溶液饱和效果较好，基本达到了 100%饱和，部分小孔由于较高毛细管力的原因，难以饱和 KI 溶液；开始进行两相驱替时，大孔隙中的饱和 KI 溶液从第一个气、水状态点就被驱出，而小孔中 KI 溶液则随着流量的增高逐渐被驱出，气相饱和度不断增加，水相饱和度不断减小，最终水相饱和度达到束缚水饱和度，水相渗透率降至 0。

如图 4-26 所示，CT 扫描重建后的数据体灰度值的分布是由岩石中的矿物密度及原子序数控制，密度越大及原子序数越大，扫描后的灰度数值越大，表现在图像上为亮色部位。相较于颗粒的高密度，原始状态下水与气密度皆较小，灰度数值偏小，同时在图像上表现为黑色，难以在图像中分辨气、水两相，所以需要使用 30% KI 溶液(含有高原子序数的碘元素，因此扫描后灰度值偏高呈亮色)代替水从而区分气、水两相。

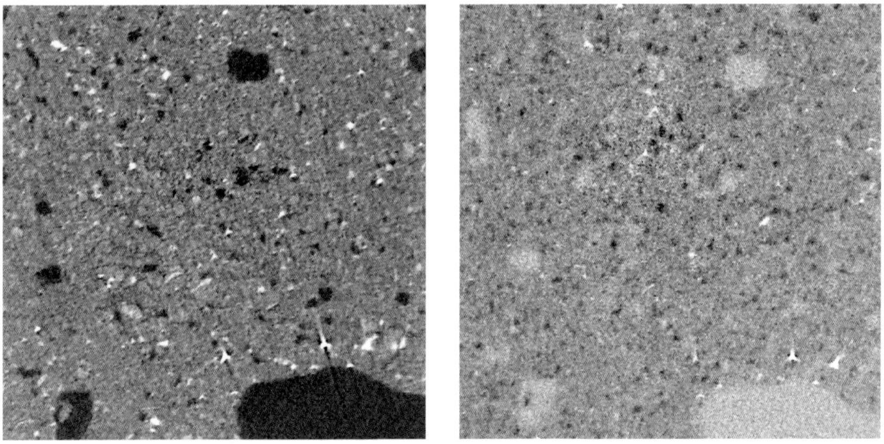

图 4-26　初始饱和水状态切片(左)与饱和 30% KI 状态切片(右)对比图

如图 4-27 所示，本组实验扫描后的重构数据体经过图像裁减、图像对齐、图像平滑以及区域选择后，孔隙及颗粒在不同数据体的空间位置一致，可采用图像差值法来获取孔隙空间及流体渗流空间，从而获得原始的孔隙空间及气水驱替状态下的气相分布空间。

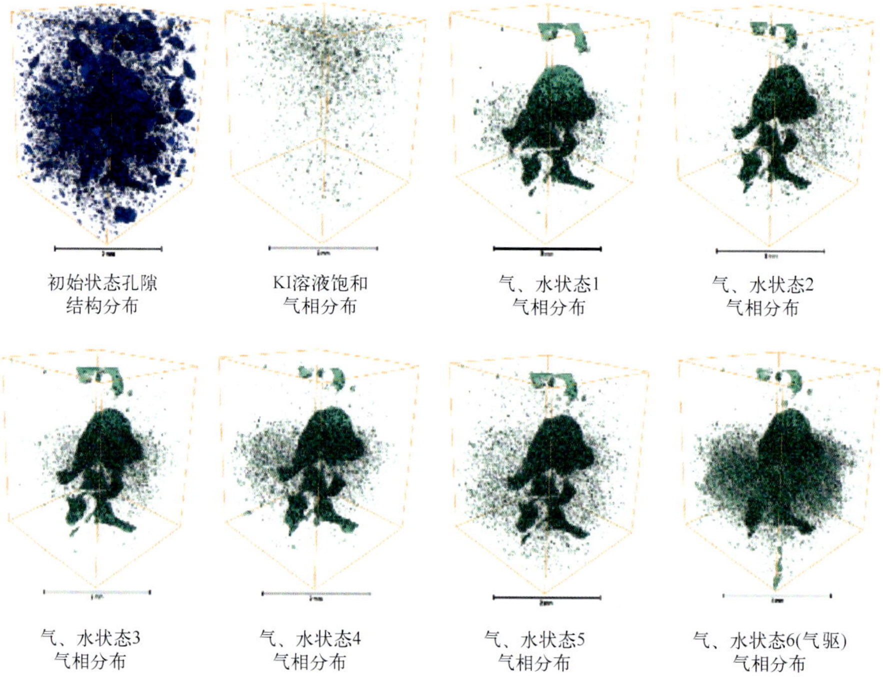

图 4-27　原始孔隙空间及气、水驱替状态下的气相分布图

初始状态下泥质粉砂多孔介质孔隙发育较好，大、小孔并存，孔隙连通性较好，KI 溶液基本饱和了大孔，小且孤立的孔隙饱和效果较差，气相空间存在于这些小孔中；伴随实验的不断进行，大孔中的 KI 溶液在状态 1 条件下被完全驱出，发生颗粒运移的现象，且气相在多孔介质中驱出了聚团的大孔隙空间，随着气体流量增大，大孔隙中的气相占比逐渐变大，随之小孔中的 KI 溶液被驱出，气相逐步在小孔隙中出现。

如表 4-8 所示，基于图 4-27 气、水驱替状态下的气相分布数据体，首先统计得到气、水两相流体在不同状态下的空间占比，然后通过初始状态孔隙结构分布计算出本组实验装填泥质粉砂沉积物的总孔隙度为 18.83%，依次获取不同状态下的气、水两相流体饱和度。伴随实验，水相速率持续减少，饱和度从 81.5%最终降低至束缚水饱和度 48.4%；气相流速不断增高，饱和度从 18.5%最终升至 51.6%。

表 4-8 实验不同状态下气、水的空间占比与饱和度

状态		KI 溶液饱和	气、水状态 1	气、水状态 2	气、水状态 3	气、水状态 4	气、水状态 5	气、水状态 6
气	空间占比(%)	3.49	5.35	5.82	6.29	7.14	8.32	9.72
	饱和度(%)	18.5	28.4	30.9	33.4	37.9	44.2	51.6
水	空间占比(%)	15.34	13.48	13.01	12.54	11.69	10.51	9.11
	饱和度(%)	81.5	71.6	69.1	66.6	62.1	55.8	48.4

4.2.3.2 气相空间尺寸分布分析

如图 4-28、图 4-29 所示，基于获得的样品孔隙结构与不同状态下的气相空间，使用随机行走方法[151-153]，进行核磁共振模拟，获取气相空间孔隙尺寸分布。

KI 溶液饱和时的气相空间仅在一些未被 KI 溶液饱和的小孔中，半径分布在 0~6 μm 之间，峰值为 3 μm，其余时刻气相空间的半径分布均在 0~250 μm 之间；初始气相空间半径分布呈双峰状分布，峰值在 6 μm 处的气相体积分数要略大于 100 μm 处的分布；两相驱替过程中，气相空间的半径分布呈双峰分布，其中峰值位于 160 μm 处的气相体积分数要远大于位于 32 μm 处的气相体积分数；纯气相驱替过程中，即气、水分布为状态 6 时刻，气相空间的半径分布呈三峰分布，其中峰值位于 160 μm 处的气相体积占主要分布。

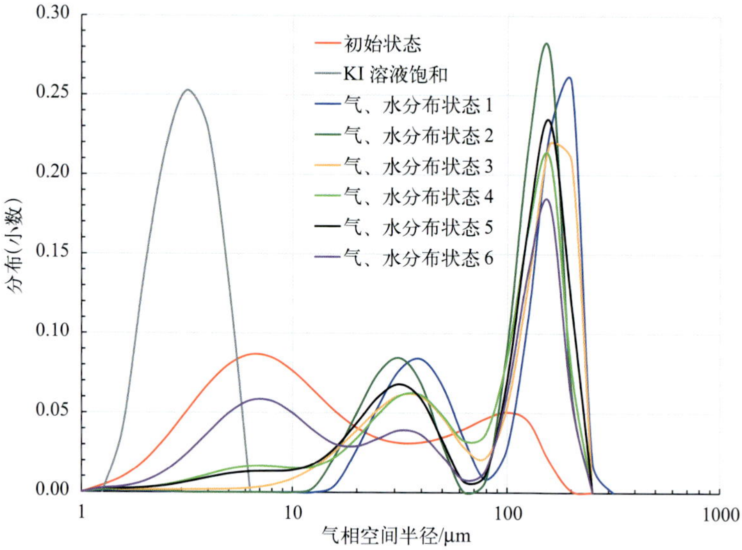

图 4-28　不同状态下的气相空间孔隙尺寸分布图

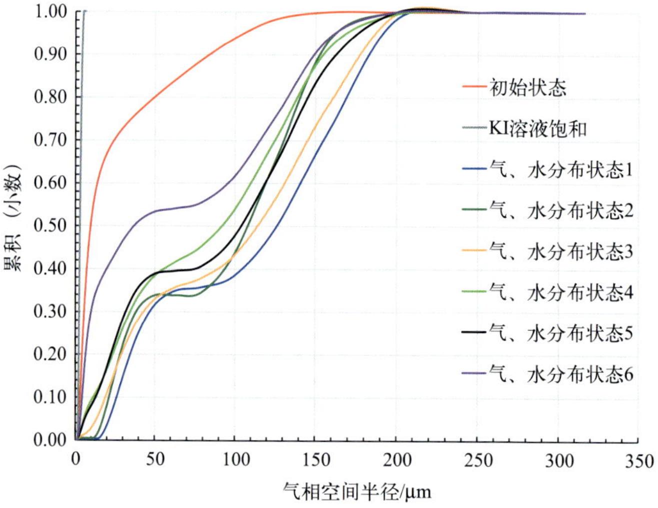

图 4-29　不同状态下的气相空间孔隙尺寸累积分布图

图 4-30 为不同实验状态下平均气相空间半径，初始状态下孔隙空间均匀分布，平均气相空间半径较小，为 28.4 μm；KI 溶液饱和时平均气相空间半径极小，仅为 3.24 μm；而在气、水两相驱替过程中，气体在样品中驱出了聚团的大孔隙空间，平均半径增加至 108 μm；而随着气相流率的增大，小孔中的 KI 溶液逐渐被驱出，平均气相空间半径逐步减少至 59.6 μm。

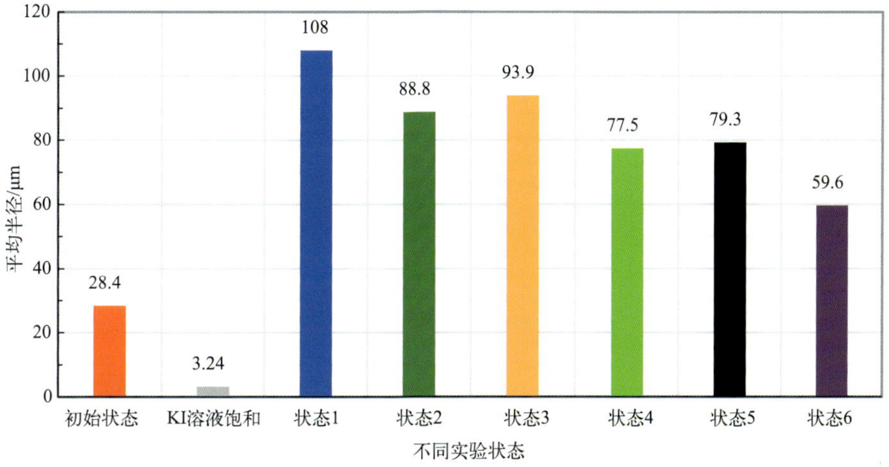

图 4-30　不同实验状态下平均气相空间半径示意图

4.2.3.3　气-水两相相对渗透率曲线特征

表 4-9 为通过不同实验状态的气、水流率与样品两端差压计算出的气-水两相有效渗透率与相对渗透率(以气驱时的气渗透率数值为最大值计算)。

依据石油天然气行业标准 SY/T 5345—2007《岩石中两相流体相对渗透率测定方法》，依据表 4-8 中水相饱和度数值，绘制出本组实验的气-水两相相对渗透率曲线。

表 4-9 不同实验状态下气-水两相有效渗透率与相对渗透率

实验状态	水相有效渗透率/mD	气相有效渗透率/mD	水相相对渗透率	气相相对渗透率	水饱和度(%)
KI 溶液饱和	8.75	0	0.761	0	81.5
状态 1	0.69	0.12	0.060	0.010	71.6
状态 2	0.51	0.16	0.044	0.014	69.1
状态 3	0.44	0.34	0.038	0.030	66.6
过渡点	0.37	0.79	0.032	0.069	64.6
状态 4	0.34	1.38	0.030	0.120	62.1
过渡点	0.33	3.95	0.029	0.343	59.3
状态 5	0.31	6.05	0.027	0.526	55.8
状态 6	0	11.5	0.000	1.000	48.4

如图 4-31 所示，本次研究使用一维夹持器模型装置，利用稳态法对一组泥质粉砂沉积物多孔介质进行气-水两相渗透率测定，绝对渗透率为 8.75 mD，同时与 4.1 节中使用径向渗流设备模拟直井开采的三组气-水两相相对渗透率曲线保持了较好的一致性；气-水两相渗流初期，

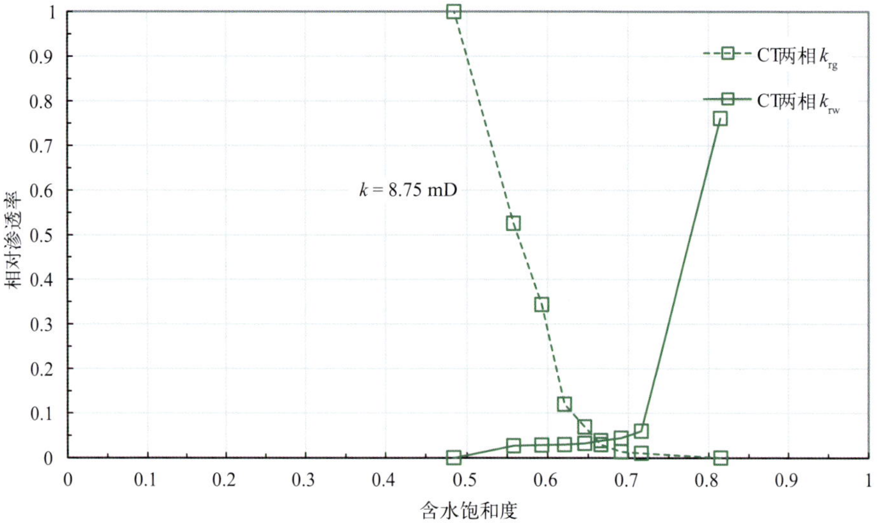

图 4-31 泥质粉砂多孔介质气-水两相相对渗透率曲线图

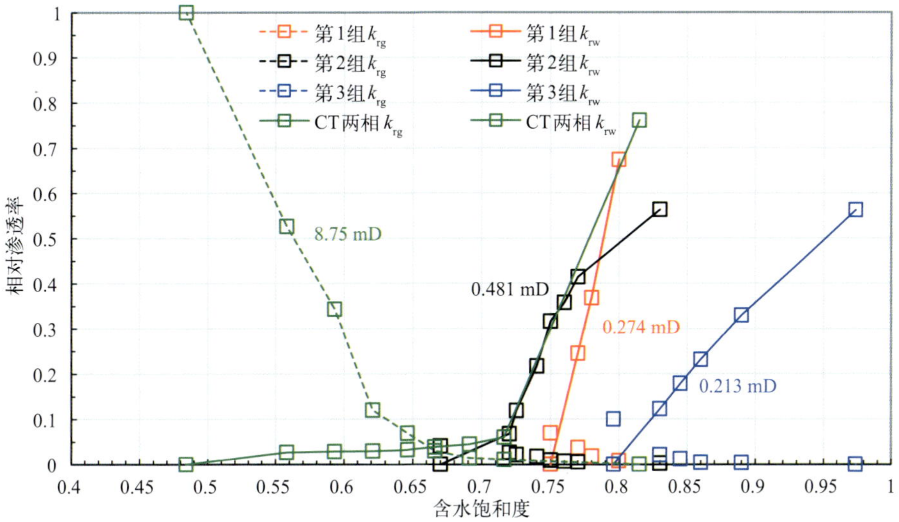

图 4-32 泥质粉砂多孔介质气-水两相相对渗透率曲线对比图

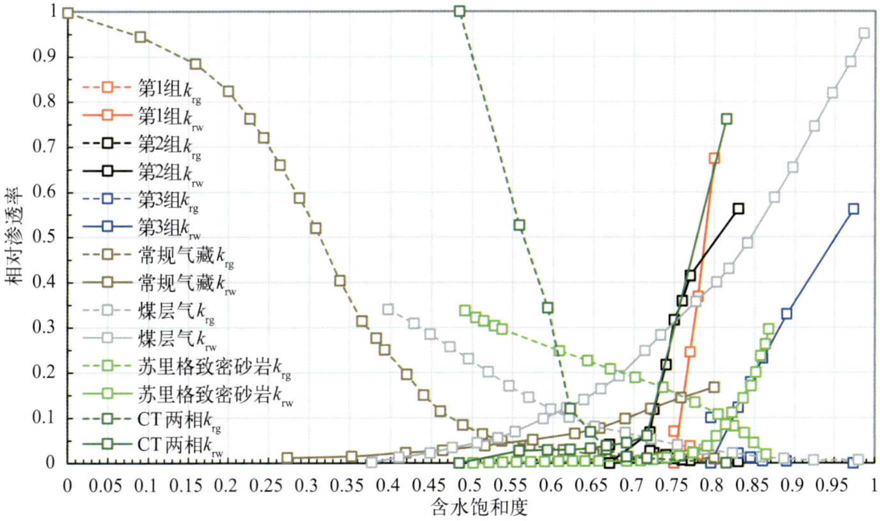

图 4-33 泥质粉砂沉积物与其他储层气-水两相相对渗透率曲线对比图

伴随气体注入量增大、注水量减小，等渗点右侧出现含水饱和度减小、含气饱和度增大的现象，导致气相的孔隙空间不断增多，从而使气相逐渐变成连续相，气体渗透率缓慢升高，而水相的渗流能力快速下降；等渗点左侧随含气饱和度的进一步增大，气相渗透率快速上升，导致水相渗透率缓慢降低，最终达到束缚水状态。

综合图 4-15、图 4-16、图 4-25 至图 4-33 分析，与其他储层样品相比，泥质粉砂多孔介质中亚微米级别的小孔对水相的束缚能力较强，导致气水相渗曲线两相共渗区范围窄，等渗点较低，束缚水饱和度高；气相进入孔隙时需克服很大的毛细管力，且易从大孔道窜出，形成优势渗流通道，导致难以在同一孔隙中与水相同时发生渗流；气-水两相共渗区较窄，等渗点较低且偏右，表明该类型多孔介质渗流空间的分选性较差，且亲水能力较强；同时，气相渗透值随水饱和度增加迅速下降表明“水锁”效应较强，水相渗流能力受泥质粉砂对水的束缚力较强而偏低。

在实际开发过程中天然气水合物分解后，若多孔介质内的水相无法被分解气及时驱替出来，则气相将难以在含有水的孔隙内流动，因此要高效开发天然气水合物分解后产生的气体，必须对天然气水合物分解区内的泥质粉砂多孔介质进行二次改造，达到有效扩大该类型储层两相渗流空间，创造出有利于气体流动的渗流通道才可建产。

4.3 气-水两相微观渗流渗透率分形模型

4.3.1 模型构建

天然气水合物分解后甲烷气和水由分解前缘经泥质粉砂多孔介质构成的分解区向生产井井筒汇聚，最终被采出；这一过程中，泥质粉砂多孔介质的孔隙体积、形状、分布、连通程度等微观结构特征对气-水两相渗流能力起到了决定性的影响。

如 2.3 节、3.3 节所述，基于传统欧氏几何方法已经无法准确表征孔隙结构复杂性，分形成为一种准确描述多孔介质微观孔隙结构形态、复杂程度、非规则性及其关联宏观输运特性的有效手段；在前述研究基础上，本节基于 4.2 节中泥质粉砂多孔介质 CT 扫描图像和气-水两相相对渗透率数据，利用分形几何理论，重新构建了包含分形结构表征参数的泥质粉砂分形相对渗透率模型。

假设在泥质粉砂多孔介质毛细管中存在一个临界半径 r_c，小于该临界半径的所有毛细管都被润湿相流体(水)占据，大于该临界半径的所有毛细管都被非润湿相流体(气)占据，考虑一个单元界面横截面，则润湿相流体(水)的饱和度可以表示为[162]

$$S_w = \frac{\int_{r_{min}}^{r_c} \pi r^2(-\mathrm{d}N)}{\int_{r_{min}}^{r_{max}} r^2(-\mathrm{d}N)}, \quad -\mathrm{d}N = D_f\, r_{max}^{D_f}\, r^{-(D_f+1)}\mathrm{d}r \tag{4-7}$$

式中，临界毛细管半径 r_c 可由 $p = 2\sigma\cos\theta / r_c$ 获得，式(4-7)可转换为

$$S_w = \frac{\left(\dfrac{2\sigma\cos\theta}{p\, r_{max}}\right)^{2-D_f} - \phi}{1-\phi} \tag{4-8}$$

考虑分形维数和孔隙度的关系式：

$$\phi = \left(\frac{r_{min}}{r_{max}}\right)^{2-D_f}$$

式(4-8)可变为

$$\frac{r_c}{r_{max}} = [(1-\phi)S_w + \phi]^{1/(2-D_f)} \tag{4-9}$$

获得了临界毛细管半径 r_c 表达式，随后根据 Hagen-Poiseulle 方程，可以分别计算通过一个单元截面的润湿相流体（水）和非润湿相流体（气）的总流量为

$$Q_w = -\int_{r_{min}}^{r_c} G \frac{\Delta p_w}{L_w} \frac{r^4}{\mu_w} \mathrm{d}N = \frac{G}{2^{1-D_T}} \frac{\Delta p_w}{L_0^{D_T}} \frac{D_f r_{max}^{D_f}}{\mu_w (3 + D_T - D_f)} (r_c^{3-D_f+D_T} - r_{min}^{3-D_f+D_T}) \tag{4-10}$$

$$Q_g = -\int_{r_c}^{r_{max}} G \frac{\Delta p_g}{L_g} \frac{r^4}{\mu_g} \mathrm{d}N = \frac{G}{2^{1-D_T}} \frac{\Delta p_g}{L_0^{D_T}} \frac{D_f r_{max}^{D_f}}{\mu_g (3 + D_T - D_f)} (r_{max}^{3-D_f+D_{T_c}^{3-D_f+D_T}}) \tag{4-11}$$

根据达西公式，分别得到水相和气相的渗透率：

$$k_w = \frac{G}{2^{1-D_T}} \frac{\phi S_w}{A_p L_0^{D_T-1}} \frac{D_f}{3 + D_T - D_f} r_{max}^{D_f} (r_c^{3-D_f+D_T} - r_{min}^{3-D_f+D_T}) \tag{4-12}$$

$$k_g = \frac{G}{2^{1-D_T}} \frac{\phi(1 - S_w)}{A_p L_0^{D_T-1}} \frac{D_f}{3 + D_T - D_f} r_{max}^{D_f} (r_{max}^{3-D_f+D_{T_c}^{3-D_f+D_T}}) \tag{4-13}$$

对于单相饱和情况，则有

$$k = \frac{G}{2^{1-D_T}} \frac{L_0^{1-D_T}}{A} \frac{D_f}{3 + D_T - D_f} r_{max}^{D_f} (r_{max}^{3-D_f+D_T} - r_{min}^{3-D_f+D_T}) \tag{4-14}$$

把式(4-9)代入式(4-12)、式(4-13)可得水相和气相的相对渗透率：

$$k_{rw} = \frac{k_w}{k} = S_w [(1 - \phi) S_w + \phi]^{(3+D_T-D_f)/(2-D_f)} \tag{4-15}$$

$$k_{rg} = \frac{k_g}{k} = (1 - S_w) \{1 - [(1 - \phi) S_w + \phi]^{(3+D_T-D_f)/(2-D_f)}\} \tag{4-16}$$

通过分析可知，气-水两相相对渗透率主要受多孔介质孔隙度、孔

隙结构分布、饱和度与流线形态影响。由此，可通过孔隙度 ϕ，水相饱和度 S_w，孔隙分形维数 D_f，迂曲度分形维数 D_T来计算泥质粉砂多孔介质的气-水两相相对渗透率。

4.3.2 对比分析

如前文所述，在获得了样品高精度图像后，使用计盒法(Box-Counting Method)对原始 CT 灰度图进行提取、滤波、二值化等预处理[140, 141]，获取孔隙空间结构图像，然后进行分形维数计算。

如图 4-34 所示，获取像素为 1 500×1 500×1 100 的三维圆柱形图像，从原始图像中提取 640^3像素的图像作为模型重建数据，该像素的选择存在以下优点。

(1)避免图像处理中图像周围黑色区域出现分割错误；

(2)原始扫描为圆柱形，不利于后续孔隙网络的提取以及网络模型表面几何结构的重建，而正方体的图像不存在上述问题；

(a) (b)

图 4-34 泥质粉砂多孔介质 30 kPa 压实后实验初始状态的 CT 原始三维与二维图

(a)三维图；(b)二维图

(3)可以有效减少有限元网格数量，降低网格生成难度与计算时间；

(4)640 为 2 的阶乘数倍，对图像进行分形结构参数计算时易于对图像进行整数格子数的划分，增加分形结构参数计算结构的稳定性。

同时，采集后的原始图带有噪声，会对后续图像处理产生不利影响，容易造成高估区域数目的现象。在图像的非阈值分割中，区域数的准确确定对分割性能产生重要的影响。图像的区域数过少，不能有效对不同区域进行友好分割；图像的区域数过多，具有一致属性的区域可能被分割成许多不同的区域，并对随后的高层次图像处理产生不利影响，必须对图像进行降噪处理。

如图 4-35 所示，采用中值滤波器进行图像降噪，可有效消除微观岩芯图像中的孤立小孔隙及岩石颗粒，将数字图像中某一点的像素值用该像素点领域中各点值的中值代换，使灰度值相差较大的像素点与其周围的像素值接近，既消除了孤立的噪声点，滤除了图像的噪声，又起到保护图像边缘特征的效果；同时，通过二值化处理将图像中的像素点灰度值设置为 0 或 1，通过适当的阈值选取获得可以反映图像整体和局部特征(呈现出明显黑白效果)的图像，进而依据识别到的不同像素值实现图像中不同区域的分割。

如图 4-36 所示，在获取了孔隙结构图像后，使用计盒法处理图像获取分形维数，根据式(2-5)将图像用不同尺度 r 的盒子去覆盖，记录覆盖有测量孔隙的盒子数 N，在自相似范围内盒子数与尺度的双对数图的线性拟合的斜率即为分形维数。则根据截面约定，用于模型式(4-15)、式(4-16)的二维孔隙分形维数 $D_f = 1.746\ 5$。

图 4-35 泥质粉砂样品 30 kPa 压实滤波后三维、二维灰度图像与二值化后孔隙结构三维、二维图像(截取视域为 640^3，黑色部分为孔隙)(a~d)

(a)三维灰度图；(b)二维灰度图；(c)二值化后孔隙结构三维图像；(d)二值化后孔隙结构二维图像

迂曲度分形维数则通过与孔隙分形维数的关系计算获得，即[163]

$$D_T = (D_E - D_F + 1) + \frac{(D_E - D_F)\log\left[\frac{D_f}{(D_f - 1)}\right]}{\log\phi} \quad (4-17)$$

在将孔隙度 ϕ、水相饱和度 S_w、孔隙分形维数 D_f、迂曲度分形维数 D_T 代入式(4-15)、式(4-16)后，即可获得泥质粉砂多孔介质分形两

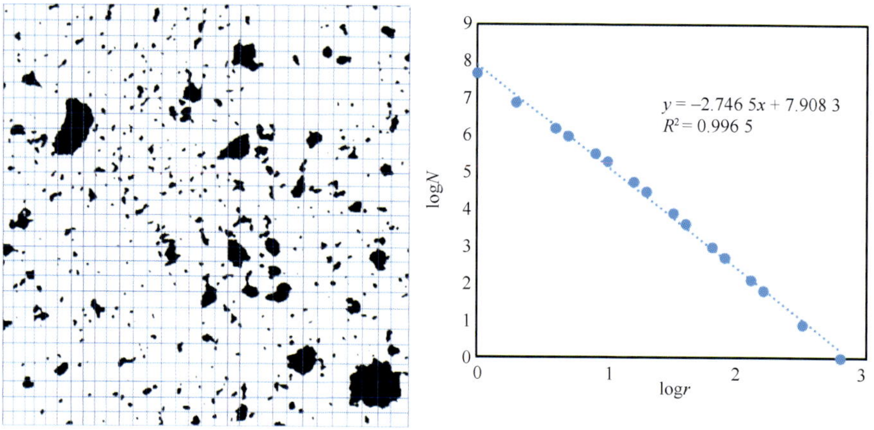

图 4-36　30 kPa 压实后泥质粉砂样品分形维数计算过程示意图

相相对渗透率模型。

如图 4-37 所示，对比分形模型与本组实验数据发现，除含水饱和度等于 81.5%以外，水相相对渗透率分形模型与实验数据具有较好的一致性。但气相分形相对渗透率模型与实验数据相差较大，预测模型对应含水饱和度曲线为 0%～100%，实验数据对应含水饱和度区间为 48.4%～71.6%，在此范围内气相渗透率快速降低，与模型预测数据不匹配，造成该现象的原因如下。

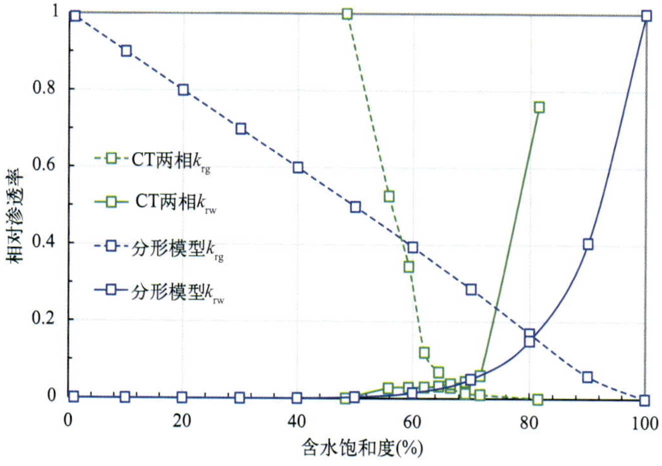

图 4-37　泥质粉砂样品两相实验数据与分形相对渗透率模型对比示意图

泥质粉砂黏土矿物含量高、孔隙半径小、毛细管压力较大，导致水相无法全部被驱出，“水锁”效应显著，气相渗透率随着水饱和度增加迅速下降；同时，导致实验初期 KI 溶液无法到达 100%饱和状态，影响含水饱和度等于 81.5%时两相渗透率与模型之间的拟合效果；由于泥质粉砂沉积物松散未固结，气体压力较大时多孔介质易形成优势渗流通道(图 4-25、图 4-27)，导致气相仅从裂缝中渗流，小孔中的水无法驱出，造成等渗点左侧存在 48.4%的束缚水饱和度。也说明高黏土含量的矿物特征与裂缝分布对气-水两相相对渗透率形态有着重要的影响。

为了排除实验开始时气的固有饱和度与实验结束时较高的束缚水饱和度对分形模型拟合实验数据效果的影响，我们使用以下公式对式(4-15)与式(4-16)中饱和度进行校正：

$$S_w^* = \frac{S_w - S_{wr}}{1 - S_{nwi} - S_{wr}} \tag{4-18}$$

式中，S_w^* 为归一化后含水饱和度；S_{wr} 为束缚水饱和度，在本次实验中为 48.4%；S_{nwi} 为固有气饱和度，在本次实验中为 18.5%。

将归一化的饱和度 S_w^* 代入式(4-15)与式(4-16)，重新绘制分形模型对比实验数据图。如图 4-38 所示，修正后的分形模型与实验数据的拟合效果有着显著的提升。水相相对渗透率分形模型基本完全拟合水相实验数据，气相相对渗透率分形模型基本与气相实验数据位于同一变化区间内，但还是存在一定的差异，气-水两相模型的等渗点也与实验的等渗点有着一定的偏离，主要原因还是前文中所述的，气相主要沿裂缝渗流为实验数据带来的影响。

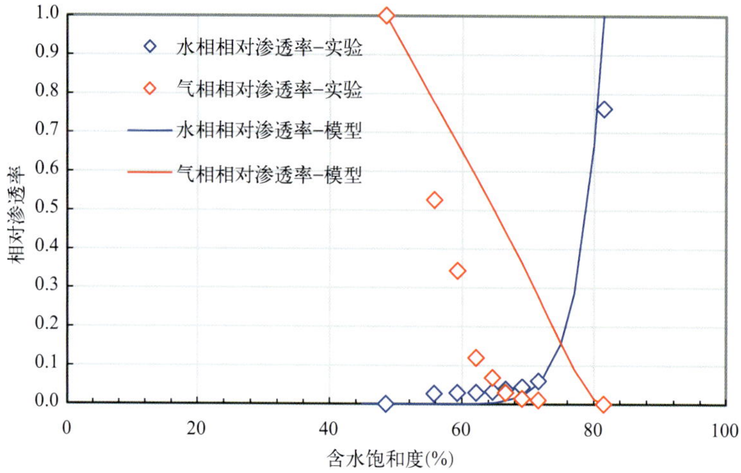

图 4-38　泥质粉砂样品气-水两相实验数据与分形相对渗透率修正模型对比示意图

4.4　本章小结

本章内容主要研究井周天然气水合物完全分解区的气-水两相渗流规律，在将来的研究中，研究区会向储层中扩展，研究储层中天然气水合物分解时的相变规律，分析温度、压力等条件对多相流体流动的影响。具体结论如下。

(1)使用径向渗流模型装置，利用稳态法共对三组泥质粉砂沉积物多孔介质进行气-水两相渗透率实验，样品的绝对渗透率分别为 0.274 mD、0.481 mD 和 0.213 mD；三组实验结果曲线的渗流特征基本相似，样品中黏土矿物含量较高，存在大量水膜、水环、水桥，在细小的喉道中也存在束缚水，导致毛细管压力增大，气体很难进入细小的喉道中进行有效驱替，只能沿数量有限的大孔道中心流动，气体相对渗透率很低。随含气饱和度不断升高，气水干扰严重，水相渗透率迅速降低，剩余水分布在颗粒表面及颗粒角隅，严重影响气相流动性，最大有效气相相对渗透率值没有突破0.1；与常规砂岩、煤层气、致密砂岩等不同类型气藏储层的气-水两相相对渗透率曲线相比，三组泥质粉砂沉积物气-水两相相对渗透率曲线表现为等渗点整体发生右偏移，且等渗点更低，两相共渗区更窄，代表该类储层具有较高的束缚水饱和度，且低渗透亲水特征显著；通过与苏里格陕234-235井区7块储层样品气-水两相相对渗透率曲线形态系统对比，发现泥质粉砂储层与第Ⅳ类最为接近，同时具有更低的等渗点，更高的束缚水饱和度，最大气相相对渗透率更小；上述实验结果，可为第5章探讨分解区泥质粉砂多孔介质气-水两相相对渗透率对产气量的影响提供基础参数信息，亦可为实际开采中有效掌握该区域内复杂多变的渗流规律，分析产能动态特征等提供理论支撑。

(2)利用自主研发的基于CT技术测量海域泥质粉砂储层结构变化装置与方法获得的气-水两相相对渗透率曲线与CT图像表明，泥质粉砂多孔介质中亚微米级别的小孔对水相的束缚能力较强，导致气-水两相相对渗透率曲线两相共渗区范围窄，等渗点较低，束缚水饱和度高；气相进入孔隙时需克服很大的毛细管力，且易从大孔道窜出，形成优势渗流通道，导致难以在同一孔隙中与水相同时发生渗流；气-水两相共渗区较窄，等渗点较低且偏右，表明该类型多孔介质渗流空间的分选性较差，且亲水能力较强；同时，气相渗透值随水饱和度增加迅速下降表明“水锁”效应较强，水相渗流能力受泥质粉砂对水的束缚力较强而偏低。因此要高效开发天然气水合物分解后产生的气体，必须对天然气水合物分解区内的泥质粉砂多孔介质进行二次改造，达到有效扩大该类型储层两相渗流空间，创造出有利于气体流动的渗流通道。

(3)基于分形理论建立的两相模型与小尺度两相实验数据中水相相对渗透率拟合效果较好，但与气相渗透率拟合效果较差，这是因为泥质粉砂储层“水锁”效应显著，导致了较高的固有饱和度与束缚水饱和度；在对饱和度数据进行校正后，拟合效果有着显著的提升，水相相对渗透率分形模型基本完全拟合水相实验数据，气相相对渗透率分形模型基本与气相实验数据位于同一变化区间内，区间内一些点的偏离则是气相主要沿裂缝渗流所带来的影响。

5 天然气水合物降压法开采数值模拟

在传统油气藏的数值模拟中，往往由于储层温度较高且温度在开采中的变化不大而忽略储层温度场的变化。但是，不同于常规油气藏的开采，天然气水合物的开采是一个复杂的相变过程，在降压中会发生分解吸热，导致储层温度降低，但同时温度降低会抑制天然气水合物的分解速率，甚至会导致储层结冰或二次天然气水合物的生成。因此准确评价天然气水合物开发过程中的储层温度场、压力场和气-水两相渗流规律对天然气水合物开发至关重要。

本章首先基于物质平衡原理和能量守恒原理，考虑储层温度场的变化，建立了天然气水合物开采热流耦合数学模型。在此基础上，整合第 3 章、第 4 章室内实验测得的天然气水合物分解区流速敏感性、气-水两相等多组实验数据，建立了第三类天然气水合物储层降压法开采数值模型，详细分析了泥质粉砂多孔介质渗透率流速敏感性、储层物性、气-水两相渗流特征等对气井产能的影响，初步厘清降压法开采第三类天然气水合物影响产气量的主控因素。

最后，使用实验获取的相对渗透率曲线开展产能模拟，初步探究了该类型天然气水合物开采产能动态特征，为后续试井分析、产能预测以及高效开发模式的建立提供基础与依据。

5.1 天然气水合物开采渗流数学模型

5.1.1 天然气水合物藏分类

野外调查表明，天然气水合物在自然界中广泛分布于陆地冻土带和水深超过 300 m 的海底浅层沉积物中，其中 99%以上为甲烷天然气水合物。根据含天然气水合物地层的沉积物类型、天然气水合物含量、地层的圈闭结构等，Moridis 和 Collet[164, 165]将全球天然气水合物储层分为 4 类。

第一类由双层储层组成，即由含天然气水合物沉积层(天然气水合物稳定带底界面之上)及其下伏含两相流(游离气、自由水)沉积层组成。该类天然气水合物储层又细分为 IW(含天然气水合物沉积物孔隙中充填液态水)与 IG(含天然气水合物沉积物孔隙中充填游离气)两种模式。通常这一类型的天然气水合物储层底部位于或略高于天然气水合物稳定带底界，小幅度的温度或压力变化即可导致天然气水合物分解，并且由于下伏游离气层的存在，当上覆天然气水合物不能被有效开采时，游离气层也能保证整个天然气水合物储层的开采效益，因此被认为是最有利于开采的天然气水合物储层类型。

第二类也是由双层储层构成，即由含天然气水合物沉积层(天然气水合物稳定带底界面之上)及其下伏含单相流(自由水)沉积层组成。含天然气水合物沉积层之下只发育含水沉积层。

第三类是单一储层，指含天然气水合物沉积层之下不发育任何含游离相沉积层，仅含单一天然气水合物。

第二类和第三类储层的整个含天然气水合物层完全位于天然气水合物稳定带内。

第四类储层是指广泛发育于海洋环境的扩散型、低饱和度的天然气水合物储层，且往往缺乏不可渗透性的上、下盖层，使该类储层成为不具有开采价值的天然气水合物层的储层类型[166]。

5.1.2 控制方程

5.1.2.1 物质平衡方程

在地层中取一微小单元体，储层孔隙度为 φ，有效孔隙度为 ϕ_e，天然气水合物饱和度为 S_h，有效孔隙内含水和含气饱和度分别为 S_w 和 S_g。则

$$\phi_e = \phi(1 - S_h) \tag{5-1}$$

将天然气水合物视为固体骨架，则在有效孔隙内有

$$S_w + S_g = 1 \tag{5-2}$$

根据单元体质量守恒关系，在 Δt 时间内：

流入有效孔隙内的水的质量为

$$(A\rho_w \nu_{wx})_x \Delta t \tag{5-3}$$

流出有效孔隙内的水的质量为

$$(A\rho_w \nu_{wx})_{x+\Delta x} \Delta t \tag{5-4}$$

天然气水合物分解水的质量为

$$m_w \tag{5-5}$$

单元体内水的质量增量为

$$A\Delta x\,(\phi S_w \rho_w)_{t+\Delta t} - A\Delta x\,(\phi S_w \rho_w)_t \tag{5-6}$$

气井在 Δt 时间内的产水量为

$$q_w \Delta t \tag{5-7}$$

质量守恒表达式为

$$(A\rho_w v_{wx})_x\Delta t-(A\rho_w v_{wx})_{x+\Delta x}\Delta t+m_w-q_w\Delta t$$
$$=A\Delta x(\phi S_w\rho_w)_{t+\Delta t}-A\Delta x(\phi S_w\rho_w)_t \tag{5-8}$$

两边同除以 Δx、Δt，令 $\Delta x\to 0$、$\Delta t\to 0$，则

$$-\frac{\partial(\rho_w v_{wx})}{\partial x}+\frac{m_w}{\Delta x\Delta t}-\frac{q_w}{\Delta x}=\frac{\partial(\rho_w\phi_e S_w)}{\partial t} \tag{5-9}$$

对于式(5-9)左侧，根据达西定律和状态方程：

$$v_{lx}=-\frac{KK_{rl}}{\mu}\frac{\partial p}{\partial x} \tag{5-10}$$

将式(5-10)代入式(5-9)中可得：

$$-\frac{\partial(\rho_w v_{wx})}{\partial x}=\frac{KK_{rw}}{\mu}\frac{\partial^2 p_w}{\partial x^2}+\frac{KK_{rw}}{\mu}\frac{\partial p_w}{\partial x}\frac{\partial\rho_w}{\partial x}$$
$$=\rho_w\frac{KK_{rw}}{\mu}\frac{\partial^2 p_w}{\partial x^2}+c_w\rho_w\frac{KK_{rw}}{\mu}\left(\frac{\partial p_w}{\partial x}\right)^2 \tag{5-11}$$

忽略压力平方项得：

$$-\frac{\partial(\rho_w v_{wx})}{\partial x}=\rho_w\frac{KK_{rw}}{\mu}\frac{\partial^2 p_w}{\partial x^2} \tag{5-12}$$

对于方程右侧：

$$\frac{\partial(\rho_w\phi S_w)}{\partial t}=S_w\frac{\partial\rho_w\phi_e}{\partial P_w}\frac{\partial p_w}{\partial t}+\rho_w\phi_e\frac{\partial S_w}{\partial P_w}\frac{\partial p_w}{\partial t}$$
$$=S_w\left(\rho_w\frac{\partial\phi}{\partial P_w}+\phi_e\frac{\partial\rho_w}{\partial P_w}\right)\frac{\partial p_w}{\partial t}+\rho_w\phi_e\frac{\partial S_w}{\partial t}$$
$$=\rho_w S_w\phi_e c_\phi\frac{\partial p_w}{\partial t}+S_w\phi_e\rho_w c_w\frac{\partial p_w}{\partial t}+\rho_w\phi_e\frac{\partial S_w}{\partial t} \tag{5-13}$$

整理可得：

$$\frac{KK_{rw}}{\mu}\frac{\partial^2 p_w}{\partial x^2}+\frac{m_w}{\Delta x\Delta t}-\frac{q_w}{\Delta x}=S_w\phi_e c_\phi\frac{\partial p_w}{\partial t}+S_w\phi_e c_w\frac{\partial p_w}{\partial t}+\phi_e\frac{\partial S_w}{\partial t}\tag{5-14}$$

对于气相有：

$$\frac{KK_{rg}}{\mu}\frac{\partial^2 p_g}{\partial x^2}+\frac{m_g}{\Delta x\Delta t}-\frac{q_g}{\Delta x}=S_g\phi_e c_\phi\frac{\partial p_g}{\partial t}+S_g\phi_e c_g\frac{\partial p_g}{\partial t}+\phi_e\frac{\partial S_g}{\partial t}\tag{5-15}$$

忽略毛细管压力，结合辅助方程 $S_g+S_w=1$，有：

$$\frac{KK_{rw}}{\mu}\frac{\partial^2 p}{\partial x^2}+\frac{KK_{rg}}{\mu}\frac{\partial^2 p}{\partial x^2}+\frac{m_g+m_w}{\Delta x\Delta t}-\frac{q_g+q_w}{\Delta x}=\phi_e c_t\frac{\partial p}{\partial t}\tag{5-16}$$

式中，$c_t=c_\phi+S_w c_w+S_g c_g$，$m_g$和 m_w为天然气水合物分解产生的气、水质量，可用天然气水合物分解动力学方程计算。

5.1.2.2 能量守恒方程

在地层中取一微元，孔隙度为 ϕ，岩石密度为 ρ_s，流体密度为 ρ_l。考虑一维单相流动，在 t_0时刻，微元含有内能为 U_0，在 t_1时刻，微元内能变化为 U_1。

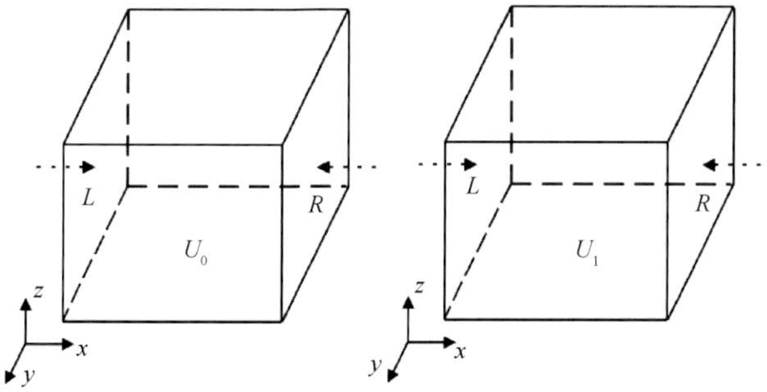

图 5-1　不同时刻微元体流入与内能变化示意图

能量的累积项为

$$\frac{\partial}{\partial t}[V_{\mathrm{f}}(\rho_{\mathrm{w}} S_{\mathrm{w}} U_{\mathrm{w}} + \rho_{\mathrm{g}} S_{\mathrm{g}} U_{\mathrm{g}}) + V_{v} c_{\mathrm{s}} U_{\mathrm{s}} + V_{\mathrm{r}} U_{\mathrm{r}}] \tag{5-17}$$

式中，V_{f}为流体相的体积；V_{v}为孔隙体积(流体和可变固体)；V_{r}为岩石体积。

两个区域之间的能量流动项为

$$\rho_{\mathrm{w}} v_{\mathrm{w}} H_{\mathrm{w}} + \rho_{\mathrm{g}} v_{\mathrm{g}} H_{\mathrm{g}} + K\Delta T \tag{5-18}$$

式中，v 为体积流量，可表示为

$$v_{j} = T\frac{k_{\mathrm{r}j}}{\mu_{j}}\Delta\Phi_{j},\ j=\mathrm{w,\ o,\ g} \tag{5-19}$$

式中，μ_{j}为流体的黏度；$k_{\mathrm{r}j}$为相对渗透率；$\Delta\Phi_{j}$为势差；T 为传导率，可用以下公式表示：

$$T = \left(\frac{A}{\Delta l}\right)k^{\mathrm{eff}} \tag{5-20}$$

式中，A 为两个区域之间的横截面积；Δl 为块中心之间的距离；k^{eff}为有效渗透率。k 为两个区域交界面处的热传导率：

$$k = \left(\frac{A}{\Delta l}\right)\lambda^{\mathrm{eff}} \tag{5-21}$$

式中，λ^{eff}为界面处的有效导热系数。

能量的井源/井汇项为

$$\rho_{\mathrm{w}} q_{\mathrm{w}} H_{\mathrm{w}} + \rho_{\mathrm{g}} q_{\mathrm{g}} H_{\mathrm{g}} \tag{5-22}$$

能量的反应源/汇项为

$$V\sum_{k=1}^{nr} H_{\mathrm{r}k} r_{k} \tag{5-23}$$

式中，$H_{\mathrm{r}k}$为反应的焓变；r_{k}为反应 k 的体积速率，由反应动力学模型计算得出。

能量的热损失源/汇项为

$$HL_{o} + HL_{v} + HL_{c} \tag{5-24}$$

式中，HL_{o}为相邻地层通过块体表面到目的区域的传热速率；HL_{v}为根据对流模型计算的传热速率；HL_{c}为一个恒定的传热模型。

综上所述，能量守恒方程为

$$\begin{aligned}&\frac{\partial}{\partial t}[V_{f}(\rho_{w}S_{w}U_{w}+\rho_{g}S_{g}U_{g})+V_{v}c_{s}U_{s}+V_{r}U_{r}]\\&=\sum_{k=1}^{nf}[T_{w}\rho_{w}H_{w}\Delta\Phi_{w}+T_{g}\rho_{g}H_{g}\Delta\Phi_{g}]+\sum_{k=1}^{nf}K\Delta T+\rho_{w}q_{w}H_{w}+\\&\rho_{g}q_{g}H_{g}+V\sum_{k=1}^{nr}H_{rk}r_{k}+HL_{o}+HL_{v}+HL_{c}\end{aligned} \tag{5-25}$$

这里，nf为相邻区域数或网格块表面数，而

$$T_{j}=\left(\frac{A}{\Delta l}\right)k^{\mathrm{eff}}\left(\frac{k_{rj}}{\mu_{j}}\right),\ j=\mathrm{w},\ \mathrm{o},\ \mathrm{g} \tag{5-26}$$

式中，T_{j}为相传导系数。

5.1.2.3 天然气水合物分解动力学方程

根据 Uddin 等[167]的研究以及 Kim-Bishnoi[168]反应动力学进行天然气水合物分解合成速率的计算，天然气水合物分解方程如下：

$$CH_4 \cdot N_h H_2O \leftrightarrow CH_4 + N_h H_2O \tag{5-27}$$

式中，N_h为天然气水合物结合的水分子数。

天然气水合物分解速率方程为

$$\frac{dc_h}{dt}=K_dA_d(p_e-p_g) \tag{5-28}$$

式中，c_h为固相天然气水合物浓度；K_d为天然气水合物分解速率常数；A_d为天然气水合物分解面积；p_e和p_g分别为天然气水合物平衡压力和气

相分压。

分解速率常数根据阿伦尼乌兹公式定义为

$$K_d = K_d^0 \exp\left(-\frac{E}{RT}\right) \tag{5-29}$$

式中，K_d^0为天然气水合物内在分解速率；E 为反应活化能；R 为气体常数。

天然气水合物平衡压力可由下式计算：

$$p_e = \exp\left(A + \frac{B}{T - C}\right) \tag{5-30}$$

结合天然气水合物分解速率方程与分解速率常数公式得到：

$$\frac{dc_h}{dt} = K_d^0 A_{dec}(p_e - p_g)\exp\left(-\frac{\Delta E}{RT}\right) \tag{5-31}$$

上式可写成：

$$\frac{dc_h}{dt} = K_d^0 A_{dec} p_e\left(1 - \frac{p_g}{p_e}\right)\exp\left(-\frac{\Delta E}{RT}\right) \tag{5-32}$$

式中，p_e/p_g等于 K 值(平衡系数)，上式转化为

$$\frac{dc_h}{dt} = K_d^0 A_{dec} p_e\left(1 - \frac{1}{K}\right)\exp\left(-\frac{\Delta E}{RT}\right) \tag{5-33}$$

对于式(5-33)，天然气水合物分解面积 A_{dec}不是一个常数。如果多孔介质中天然气水合物饱和度为 S_h，天然气水合物由球形颗粒组成且表面积为 A_{hs}，则单位孔隙体积天然气水合物有效分解面积为：

$$A_{dec} = \phi^2 A_{hs} S_w S_h \tag{5-34}$$

通过有效分解面积的公式，天然气水合物分解速率公式可写成：

$$\frac{dc_h}{dt} = \frac{K_d^0 A_{hs}}{\rho_h \rho_w}\exp\left(-\frac{\Delta E}{RT}\right)(\phi S_w \rho_w)(\phi S_h \rho_h)(y_i p_g)\left(1 - \frac{1}{K(P, T)}\right) \tag{5-35}$$

式中，$K(P, T)=\frac{rxk_1}{P_g}\exp\left(\frac{rxk_2}{T-rxk_3}\right)$。

5.1.2.4 储层物性变化

不考虑天然气水合物储层速度敏感性时，天然气水合物储层有效孔隙度 V_e 与天然气水合物饱和度 S_h 之间有以下关系：

$$\phi=\phi_0(1-S_h) \tag{5-36}$$

McKee 等[169]的研究结果表明，对于应力敏感储层，其孔隙度的变化表达公式为

$$\phi_e=\phi e^{-C_p\Delta P} \tag{5-37}$$

将式(5-36)代入式(5-37)可得：

$$\phi_e=\phi_0(1-S_h)e^{-C_p\Delta P} \tag{5-38}$$

由式(5-38)可知，当 $S_h=0$ 时，即对于天然气水合物完全分解区，孔隙度变化关系为

$$\phi_e=\phi_0 e^{-C_p\Delta P} \tag{5-39}$$

Masuda 等[170]建立了天然气水合物储层渗透率与天然气水合物饱和度的关系模型，其数学表达式为

$$\frac{K_e}{K_0}=\left(\frac{\phi_e}{\phi_0}\right)^n \tag{5-40}$$

这里，储层物性变化公式中的常数由第 3 章实验所确定。

5.2 数值模型的建立

5.2.1 基础地质模型

本章中的数值模拟是通过 CMG-STARS 实现的，如图 5-2 所示，结

合第三类天然气水合物储层天然气水合物的分布特征，建立了单一垂直井开采Ⅲ类天然气水合物储层的地质模型。

同时，为明确此类天然气水合物矿藏开采过程中井周储层蠕变导致的温度、压力及饱和度等的变化，采用径向网格并在井周区域局部网格加密处理。

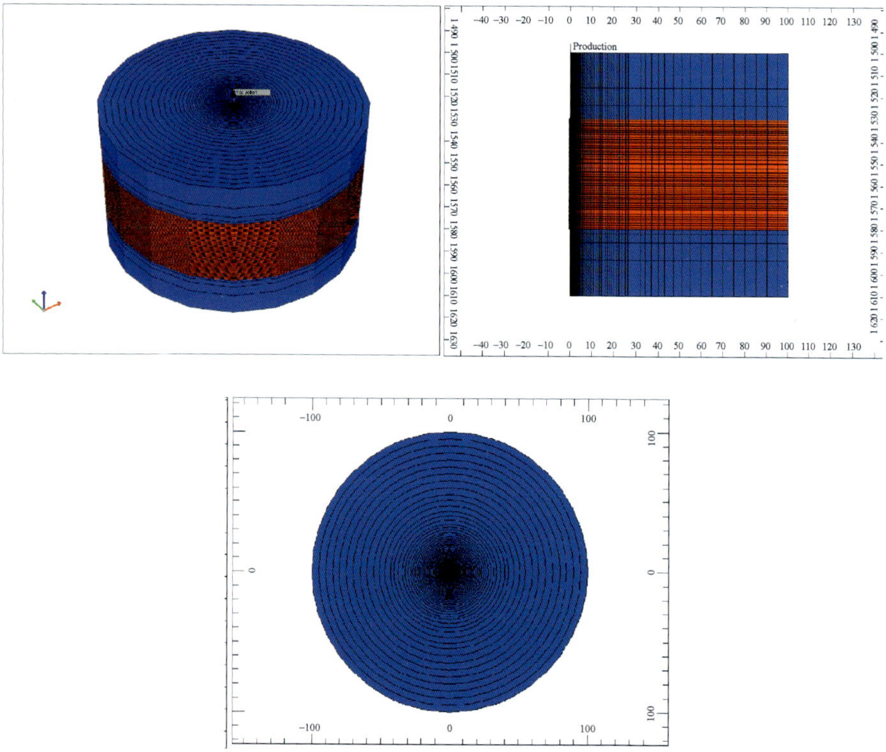

图 5-2　第三类天然气水合物数值模型

在地质模型中，天然气水合物层厚度 50 m，顶底盖层各 30 m，盖层为非渗透层。垂直生产井位于模型中部，天然气水合物层全射孔，气井工作制度为定井底流压 3 MPa，模拟时间为 10 年。详细基础模型参数见表 5-1。

表 5-1 数值模拟基础参数

参数	数值	参数	数值
网格数	77×1×58	初始天然气水合物饱和度	0.4
模型埋深/m	1 500	初始含气饱和度	0
上下盖层厚度/m	30	初始温度/℃	14
天然气水合物层厚度/m	50	初始压力/MPa	15
盖层孔隙度	0.1	相平衡计算参数 A	45.51
盖层渗透率/mD	0.000 1	相平衡计算参数 B	-1.03×10^4
天然气水合物层孔隙度	0.3	相平衡计算参数 C	-273.15
天然气水合物层渗透率/mD	5	模拟时间/a	10

5.2.2 蠕变及相平衡数据处理

根据第 3 章研究成果，对于泥质粉砂型储层天然气水合物分解区，在单相水驱过程中，随着泥质粉砂岩芯样品两端渗流压差的增大，泥质粉砂样品岩芯孔隙发生蠕变，孔隙度和渗透率逐渐减小，且该过程不可逆[84]。

对于泥质粉砂储层渗透率随孔隙度的变化，Lu 等[84]根据实验数据结果分析提出泥质粉砂储层渗流过程中储层有效渗透率与孔隙度存在明显的幂律关系。根据第 3 章的研究成果，鉴于本章的数值模拟研究基于商业软件，无法将式(3-15)和式(3-16)建立的泥质粉砂蠕变多孔介质渗透率分形公式带入软件计算，因此为满足式(5-40)描述渗透率与孔隙度关系的表达式，对图 3-14 所示在不同驱替压力获取的天然气水合物分解区泥质粉砂多孔介质孔隙度和渗透率的实验数据进行重新拟合，实验数据拟合结果如图 5-3 所示。

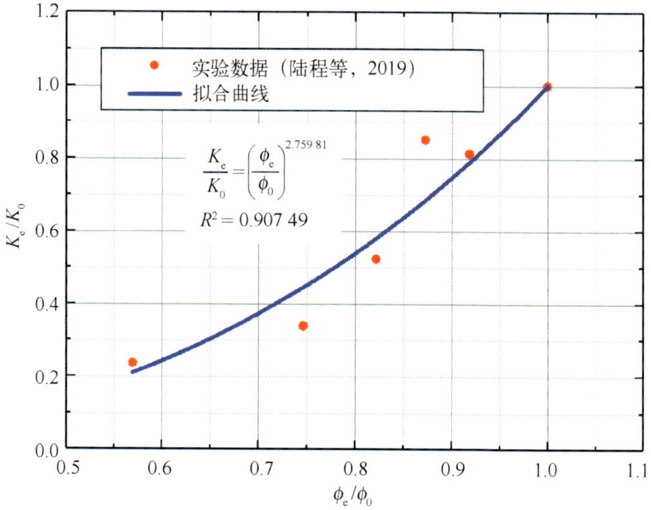

图 5-3　蠕变实验数据拟合

由于泥质粉砂储层蠕变过程实质是天然气水合物降压开采过程中储层孔隙体积被压缩，且随着驱替压差的变化，储层孔隙体积被压缩的程度不同[157]，因此将式(5-38)中的 C_p 值作为变量，研究不同泥质粉砂储层蠕变程度对气井生产及储层物性变化的影响。C_p 值越大，天然气水合物降压开采过程中泥质粉砂储层蠕变引起的孔隙度降低程度越大。

对于天然气水合物相平衡曲线，利用实际南海泥质粉砂沉积物采用微差示扫描量热法(μ-DSC)测量了散装盐水和海洋沉积物中天然气水合物的解离条件。不同盐度条件下沉积物基体系中天然气水合物的分解条件实验结果如图 5-4 所示。

拟合实验相平衡数据，获取模拟软件可用的天然气水合物相平衡数据，结果如图 5-5 所示。

根据拟合结果计算：

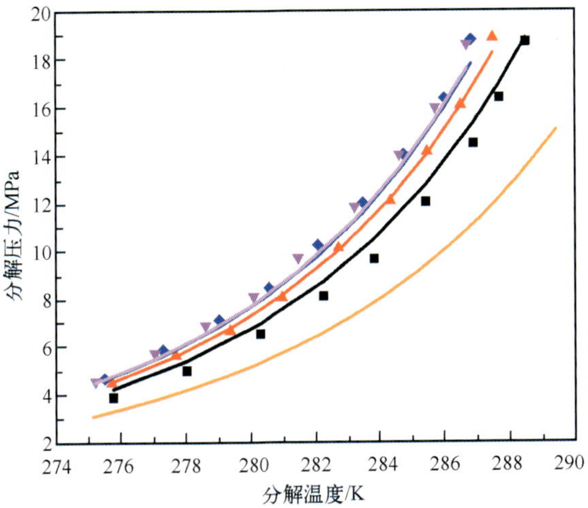

图 5-4 不同盐度条件下沉积物基体系中天然气水合物的分解条件

■ 去离子水，▲ 1.97 wt%，◆ 3.19 wt%，▼ 3.35 wt%；实线表示模型的计算值，其中橙色的实线表示由 Chen-Guo 模型计算的去离子水体系中甲烷天然气水合物的相平衡条件

$$K(P,\ T) = \frac{5.817\ 57 \times 10^{19}}{p_g} \exp\left(\frac{-1.03 \times 10^4}{T - 273.15}\right)$$

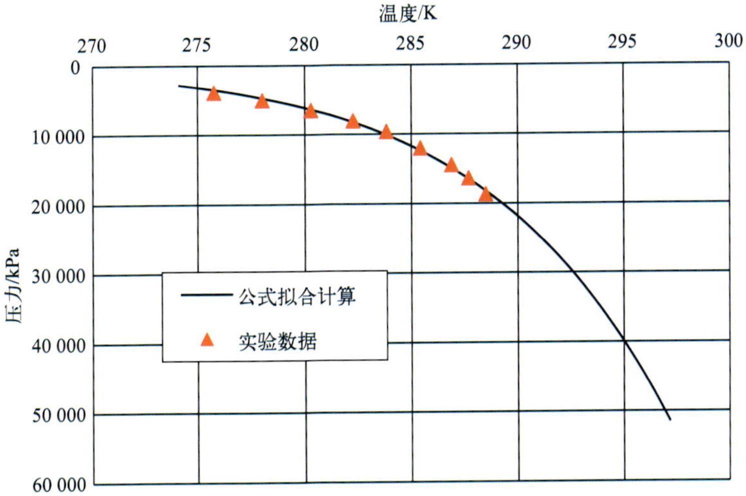

图 5-5 相平衡实验数据拟合

5.3 蠕变对气井产能的影响

天然气水合物藏开采过程中，储层的孔隙度渗透率变化受天然气水合物分解及储层蠕变共同控制，天然气水合物分解使储层有效孔隙度和渗透率增大，储层蠕变导致有效孔隙度和渗透率减小。

图 5-6、图 5-7 为对比了考虑蠕变与不考虑蠕变条件下的气井生产动态变化曲线。由图可知，当储层存在蠕变特征时，气井日产气和累产气降低。开采 10 年，考虑蠕变条件下，气井日产气降低了 3.36%。

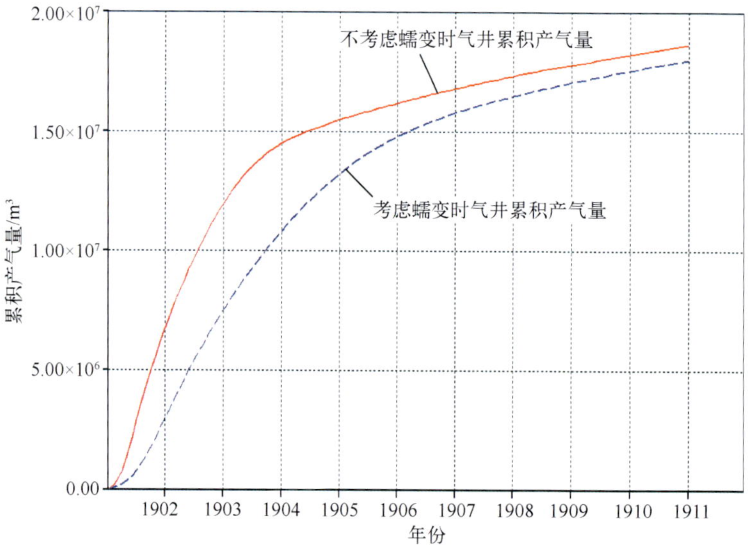

图 5-6　考虑蠕变与不考虑蠕变时气井累积产气变化曲线

同时，结合日产气变化曲线可知，考虑储层蠕变时，气井初期日产气降低，但是相较于不考虑蠕变的模拟方案，气井产量递减速度减缓。分析原因气井产量递减主要受矿体规模控制，在有限的矿体规模下，由

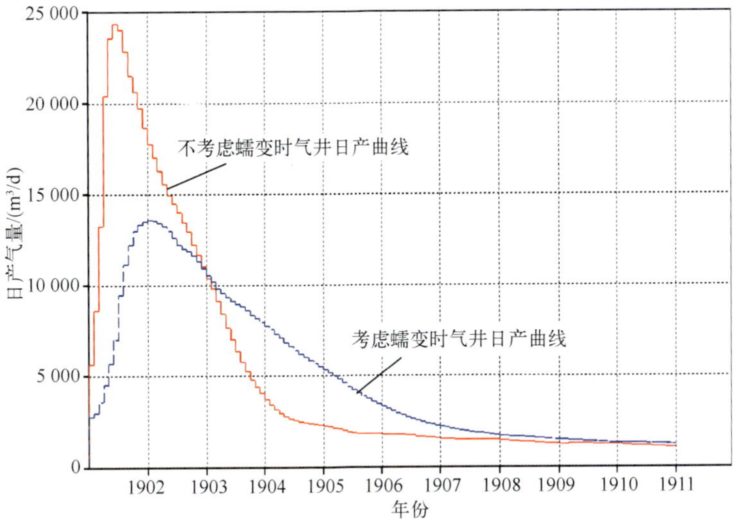

图 5-7　考虑蠕变与不考虑蠕变时气井日产气变化曲线

于不考虑蠕变时气井在短期内即可采出大量天然气水合物分解气，造成平均地层压力下降速度过快，生产后期产量递减速度加快。

图 5-8 对比了考虑和不考虑蠕变时储层有效渗透率分布场图。由图可知，随着天然气水合物的分解，分解区储层有效渗透率增加，当不考虑储层蠕变时，天然气水合物完全分解区储层有效渗透率增大了 4 倍（5 mD→20 mD）；当考虑储层蠕变时，受储层蠕变造成有效孔隙度减小的影响，天然气水合物完全分解区储层有效渗透率增加幅度减小，增加幅度降低至 3 倍（5 mD→15 mD），此时天然气水合物分解对储层渗透率的影响仍为主导作用。

图 5-9 对比了考虑蠕变和不考虑蠕变条件下气井开采 360 天后天然气水合物层中部压力漏斗和温度漏斗的变化。由图可知，当考虑蠕变时，储层压力漏斗变得更加陡峭，压力降落主要发生在近井区域；当不考虑蠕变时，储层压力分布较均匀，气井控制范围内地层压力均有较大

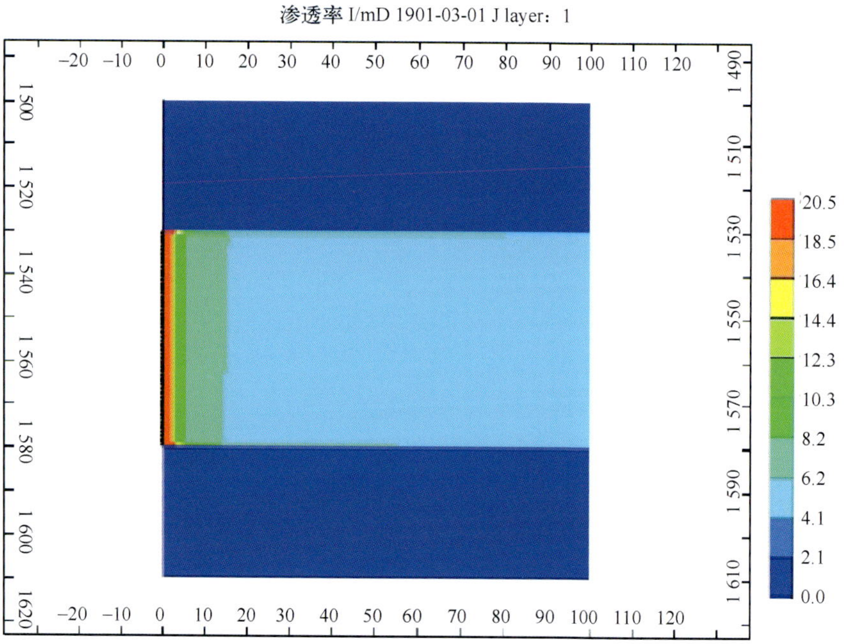

(a) 不考虑蠕变——生产60天

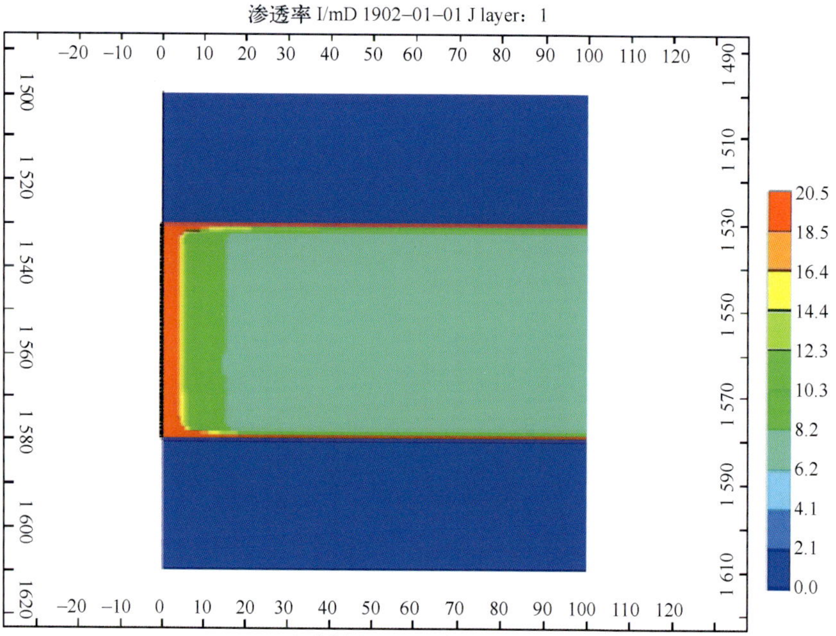

(b) 不考虑蠕变——生产360天

图 5-8　考虑蠕变与不考虑蠕变时储层有效渗透率分布场图

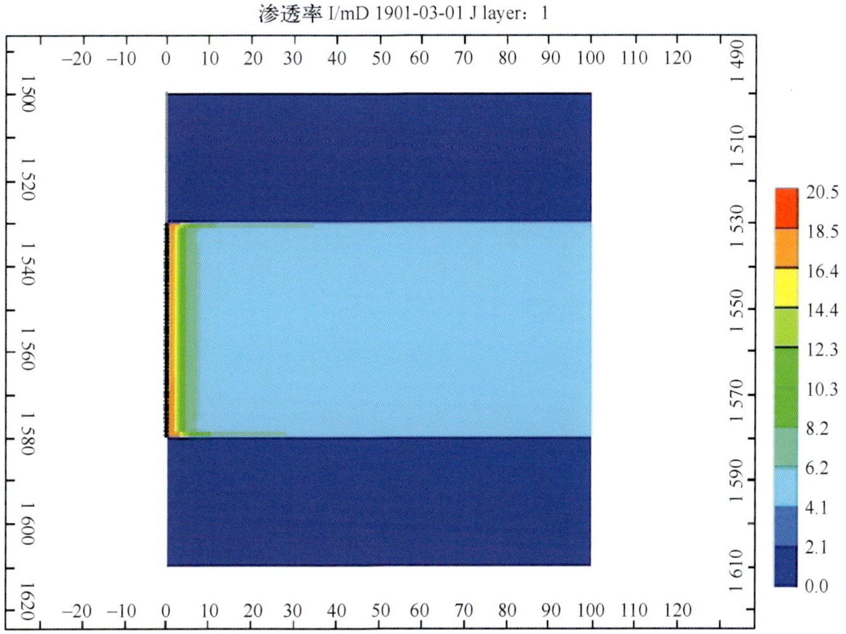

(c)考虑蠕变——生产60天

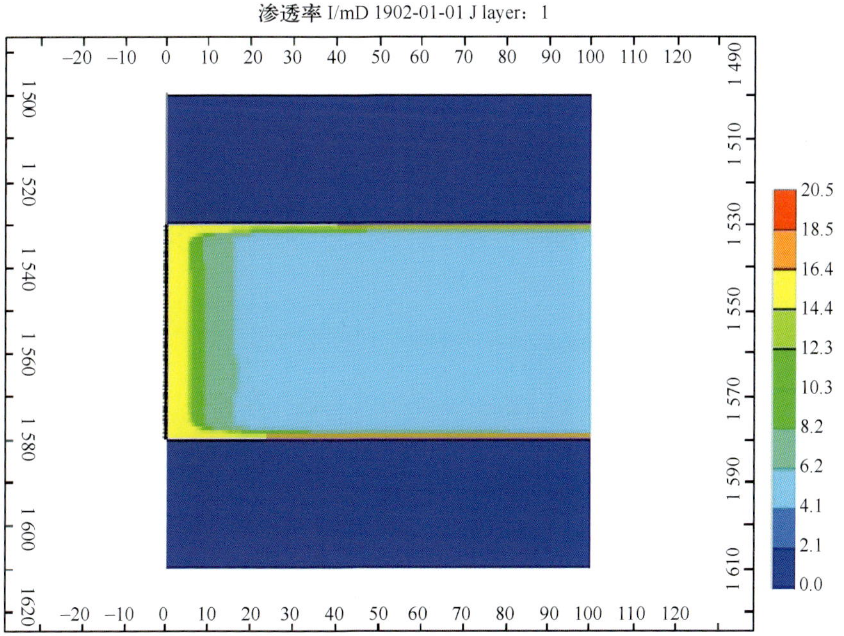

(d)考虑蠕变——生产360天

图 5-8　考虑蠕变与不考虑蠕变时储层有效渗透率分布场图(续)

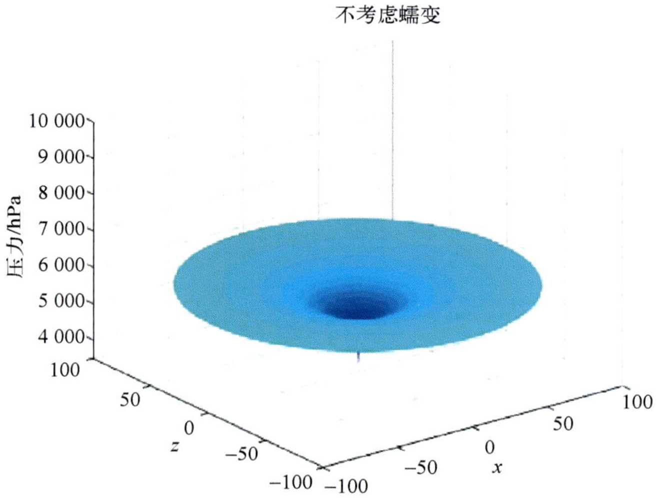

(a) 压力漏斗——不考虑蠕变

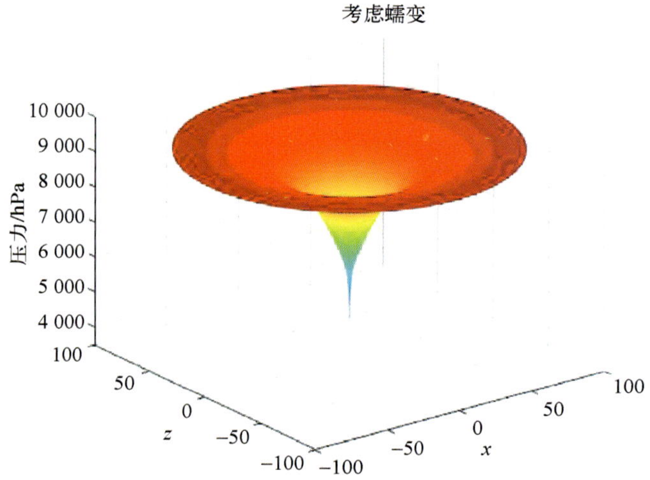

(b) 压力漏斗——考虑蠕变

图 5-9　天然气水合物层中部温度与压力漏斗对比

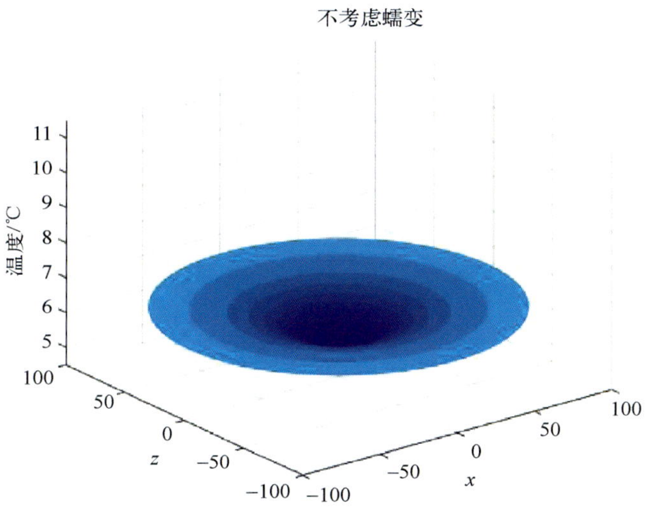

(c) 温度漏斗——不考虑蠕变

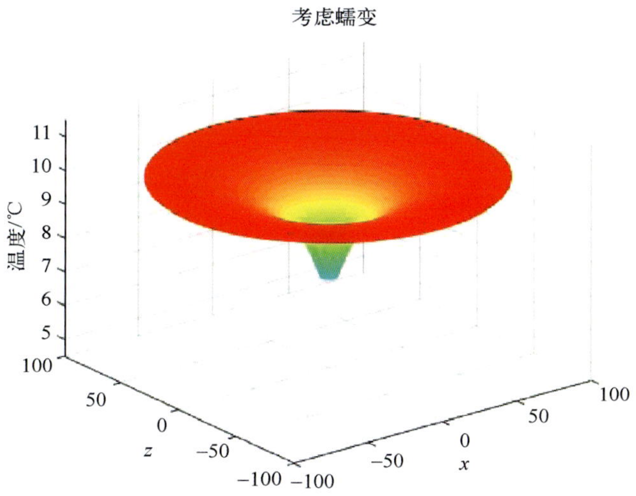

(d) 温度漏斗——考虑蠕变

图 5-9 天然气水合物层中部温度与压力漏斗对比(续)

幅度的压力降落。同时结合温度漏斗分析，当考虑蠕变时，储层温度下降幅度较不考虑蠕变的模拟方案小，且温度漏斗较不考虑蠕变的模拟方案更加陡峭。

为了厘清不同蠕变程度下，气井产能和储层温压等的动态变化规律，根据式（5-38）和式（5-39），改变不同的 C_p 值（$C_p=10^{-6}$ MPa^{-1}、10^{-5} MPa^{-1}、10^{-4} MPa^{-1}），探究不同蠕变导致的储层孔隙度和渗透率下降幅度对气井产能的影响。

图 5-10、图 5-11 为不同蠕变程度下气井累产气与日产气变化曲线，由图可知，随着 C_p 值的增大，气井日产气逐渐降低。一定范围内，当储层蠕变程度较小时，气井日计产气降低幅度较小，但随着 C_p 值的逐渐增大，累产气呈现指数式下降。当 $C_p=10^{-4}$ MPa^{-1}时，气井日计产气受蠕变影响极大，十年累计产气降低了近 90%。同时，结合日产气曲线分析。

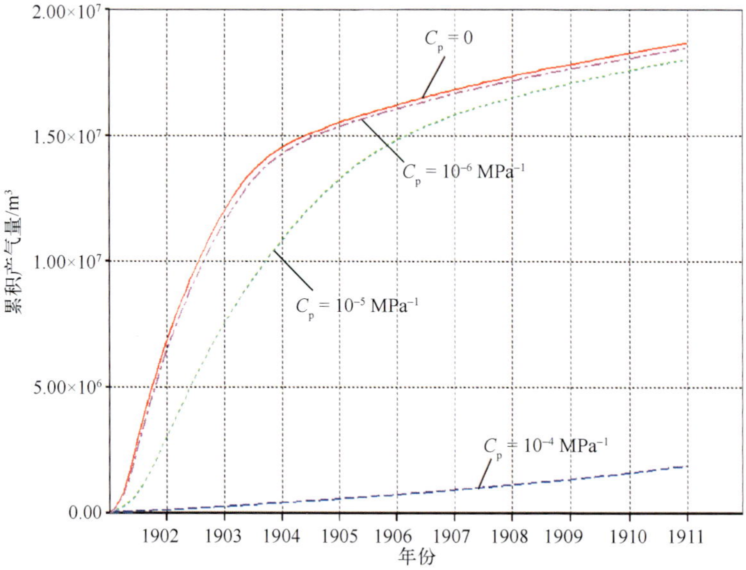

图 5-10　不同蠕变程度下气井累产气变化曲线

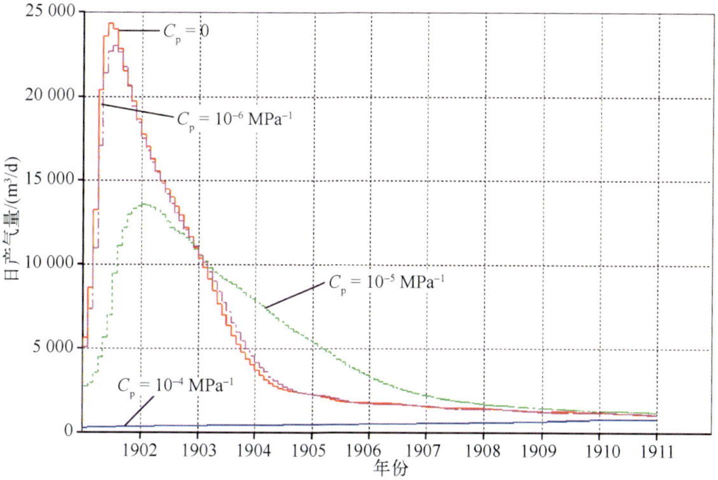

图 5-11 不同蠕变程度下气井日产气变化曲线

图 5-12 展示了不同蠕变程度下储层有效渗透率分布场图。由图可知，当储层蠕变程度较小时，此时天然气水合物分解作用导致的渗透率增大起主导作用，天然气水合物分解区渗透率不断增大。随着 C_p 值的增大，储层蠕变程度不断增加，蠕变造成的孔隙度降低幅度逐渐增大，当 C_p 值超过一定范围后，蠕变导致的孔渗降低逐渐起主导作用，此时随着天然气水合物的分解，储层孔隙度渗透率反而下降，极大影响气井产能。

图 5-13 为不同蠕变程度下第三类天然气水合物开采第 60 天储层压力、温度和天然气水合物饱和度分布图。随着储层蠕变程度的增加，压力传导半径逐渐减小，当储层蠕变程度较大时，压力降落主要发生在近井区域，储层温度影响半径小于压力影响半径。同时，储层蠕变程度越大，天然气水合物分解半径越小。当 $C_p = 10^{-4}$ MPa^{-1}时，由于储层蠕变造成天然气水合物分解前缘孔隙度降低，导致孔隙内天然气水合物饱和度增加，进一步影响天然气水合物的分解。

图 5-14 为不同蠕变程度下第三类天然气水合物开采第 360 天储层压力、温度和天然气水合物饱和度分布图。结合图 5-12 和图 5-13 分析

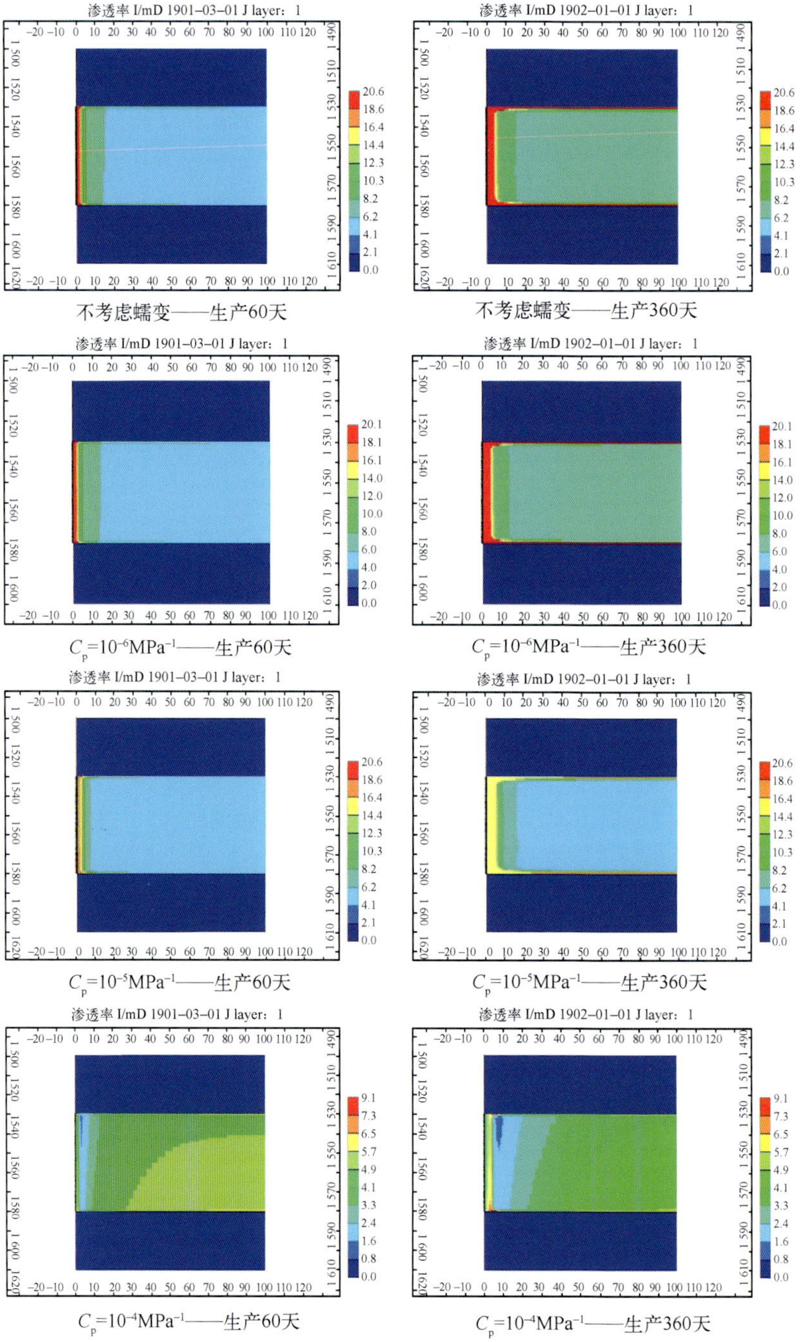

图 5-12　不同蠕变程度下储层有效渗透率分布场图

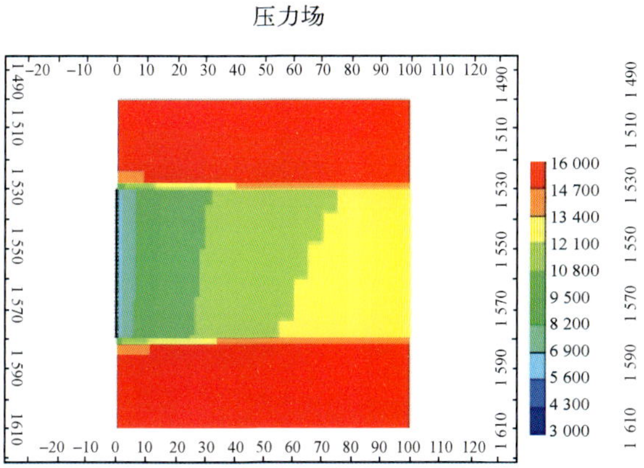

(a) C_p=10^{-6}MPa^{-1}

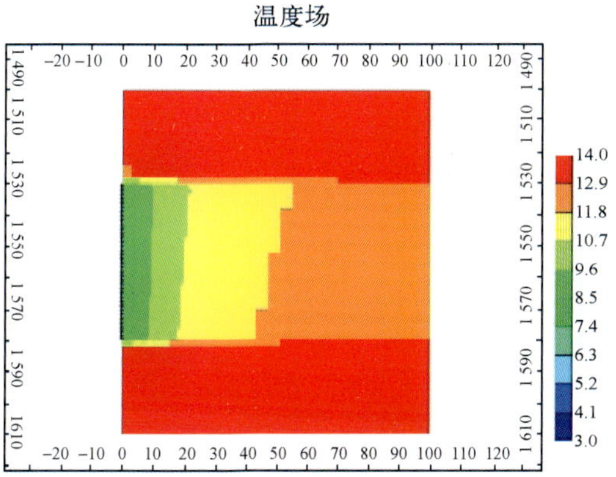

(b) C_p=10^{-6}MPa^{-1}

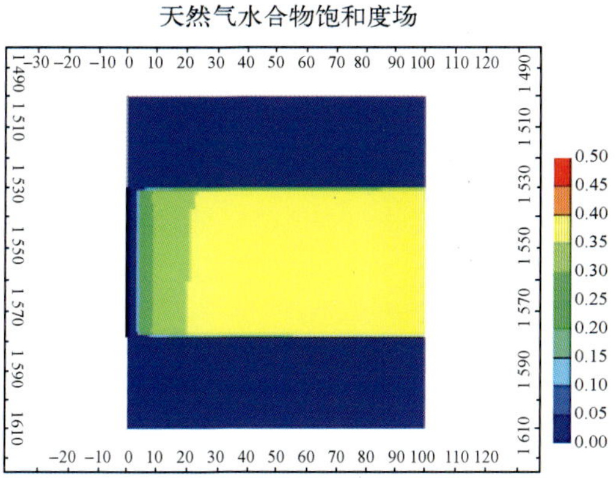

(c) C_p=10^{-6}MPa^{-1}

图 5-13　开采第 60 天储层压力、温度和天然气水合物饱和度分布图

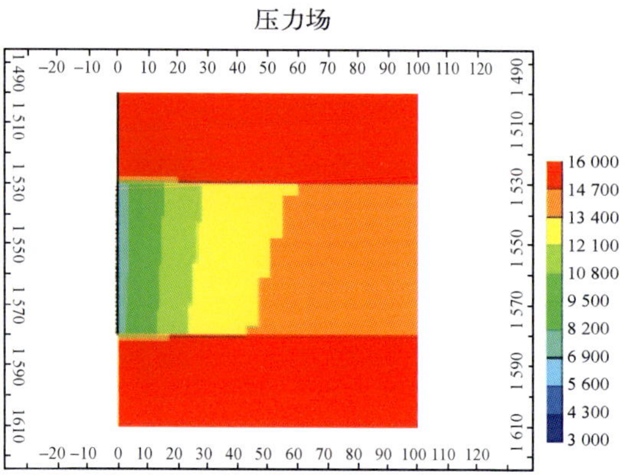

(d) C_p=10^{-5}MPa^{-1}

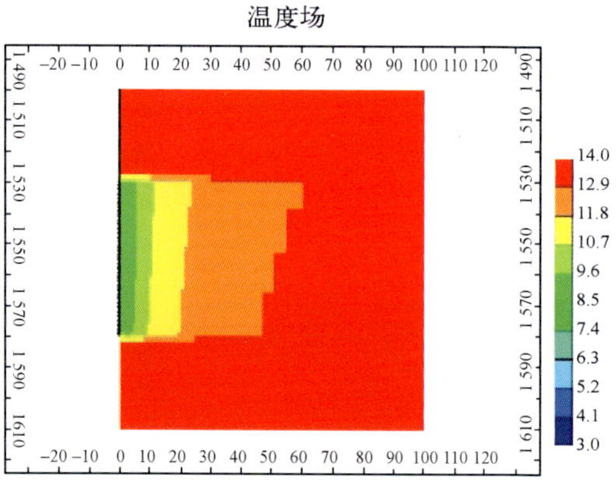

(e) C_p=10^{-5}MPa^{-1}

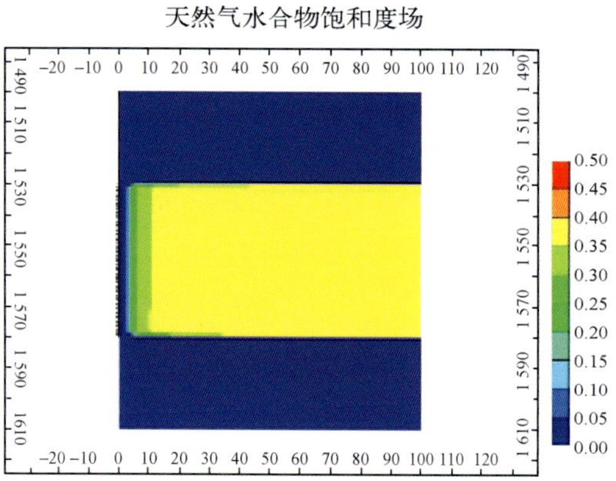

(f) C_p=10^{-5}MPa^{-1}

图 5-13　开采第 60 天储层压力、温度和天然气水合物饱和度分布图(续)

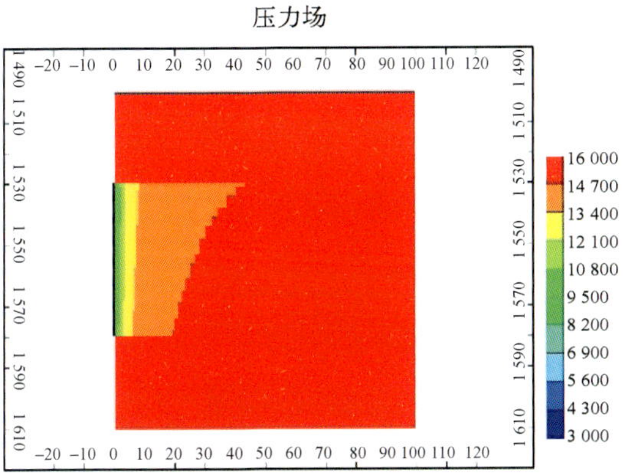

(g) $C_p = 10^{-4}$MPa^{-1}

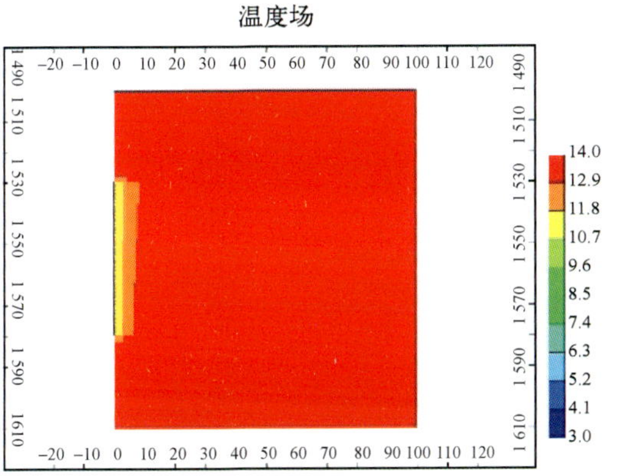

(h) $C_p = 10^{-4}$MPa^{-1}

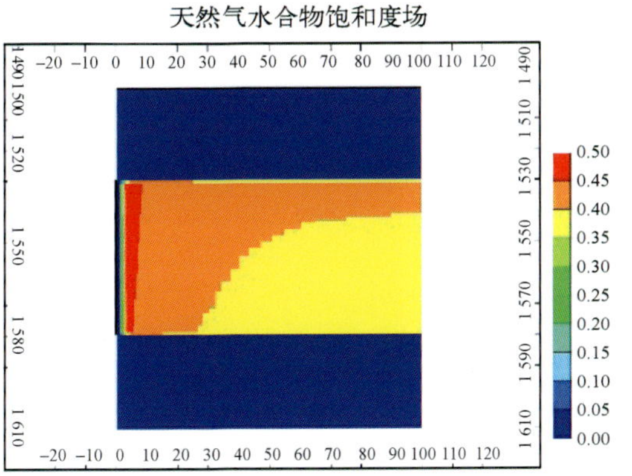

(i) $C_p = 10^{-4}$MPa^{-1}

图 5-13　开采第 60 天储层压力、温度和天然气水合物饱和度分布图(续)

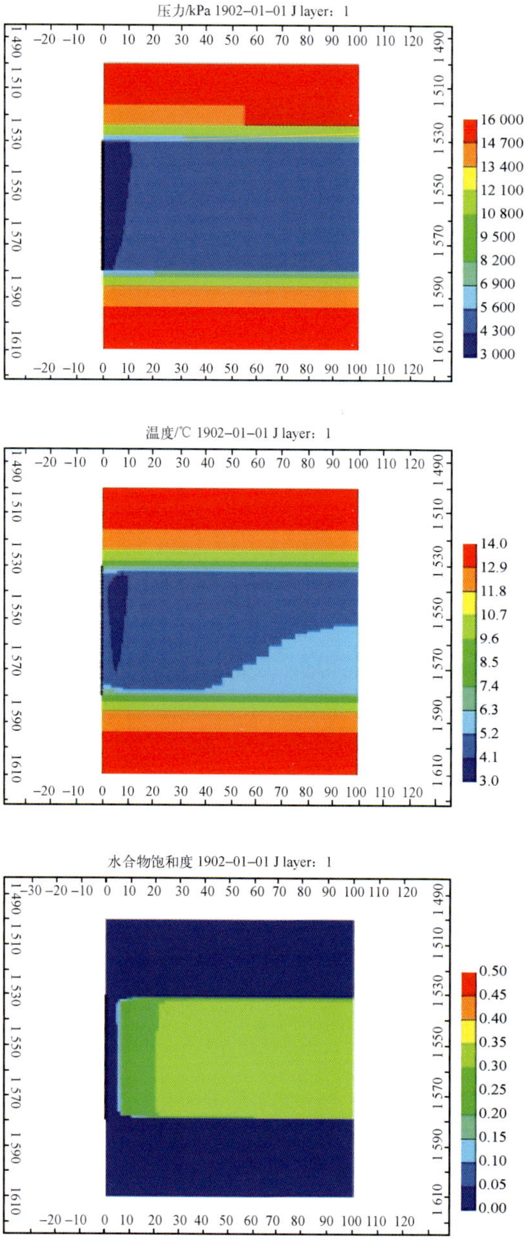

(a) $C_p=10^{-6}MPa^{-1}$

图 5-14　开采第 360 天储层压力、温度和天然气水合物饱和度分布图

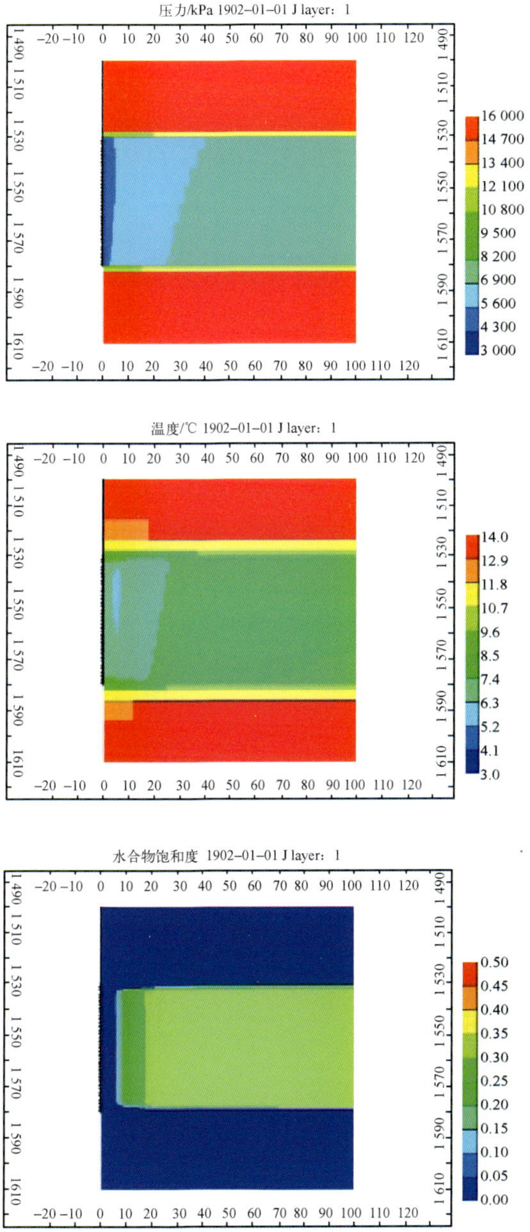

(b) $C_p=10^{-5}MPa^{-1}$

图 5-14　开采第 360 天储层压力、温度和天然气水合物饱和度分布图(续)

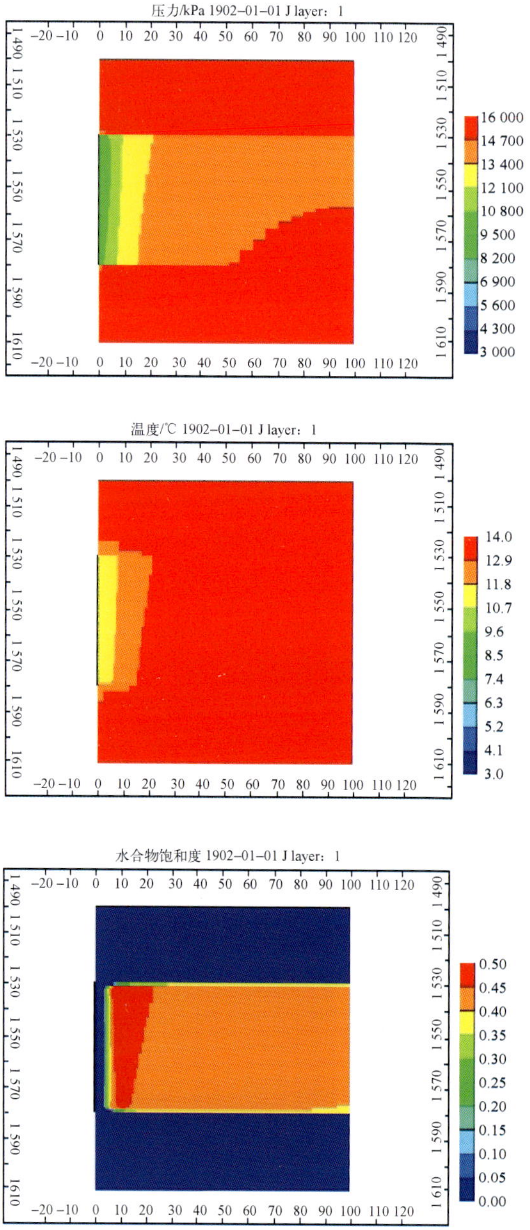

(c) $C_p=10^{-4}\mathrm{MPa}^{-1}$

图 5-14　开采第 360 天储层压力、温度和天然气水合物饱和度分布图(续)

可知，随着开采的进行，储层压力横向传导半径逐渐扩大，低蠕变程度下，远井端天然气水合物有一定程度的分解。当储层蠕变程度较大时，天然气水合物分解前缘孔隙受蠕变影响范围逐渐扩大，分解前缘处天然气水合物饱和度增大范围逐渐扩大。

5.4 气–水两相相对渗透率对气井产能的影响

为厘清不同气–水两相相对渗透率曲线对气井产能的影响，结合图4–15的实验数据，分别设置不同相对渗透率曲线，不同相对渗透率曲线各端点值见表5–2。

由表5–2可知，第4章实验测得的三组不同泥质粉砂样品气–水两相相对渗透率曲线中，曲线束缚水饱和度随样品渗透率的降低而逐渐增加，束缚水下的气相相对渗透率 $K_{rg}(S_{wc})$ 随样品渗透率的降低逐渐增加，第3组最大为0.1。

表5–2 不同组相对渗透率曲线特点

相对渗透率曲线编号	渗透率/mD	束缚水饱和度(%)	端点 K_{rg}/f	端点 K_{rw}/f	等渗点 S_g(%)
KR-1	0.481	67	0.04	0.56	30.5
KR-2	0.274	75	0.07	0.67	24.5
KR-3	0.213	79.6	0.1	0.56	18.7

残余气下的水相相对渗透率 $K_{rw}(S_{gr})$ 随泥质粉砂样品渗透率的降低逐渐降低，第1组气–水两相相对渗透率曲线的 $K_{rw}(S_{gr})$ 最大为0.67。

为方便后续分析，以第1条气–水两相相对渗透率曲线为例，使用KR-1代表第一条气–水两相相对渗透率曲线。

图5–15、图5–16对比了不同相对渗透率曲线下第三类天然气水合物开采气井累产气与日产气变化曲线。由图可知，在生产初期一段时间内，KR-1累产最高，KR-2累产最低。但随着生产的进行，累产曲线出

现反转，KR-3 累产最高。同时，根据日产气曲线可知，初期日产气排序为 KR-1>KR-3>KR-2。

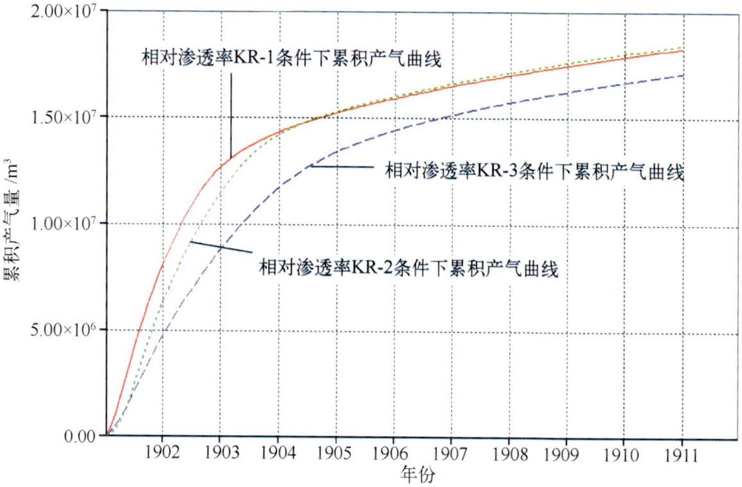

图 5-15　不同相对渗透率曲线下气井累产气变化曲线

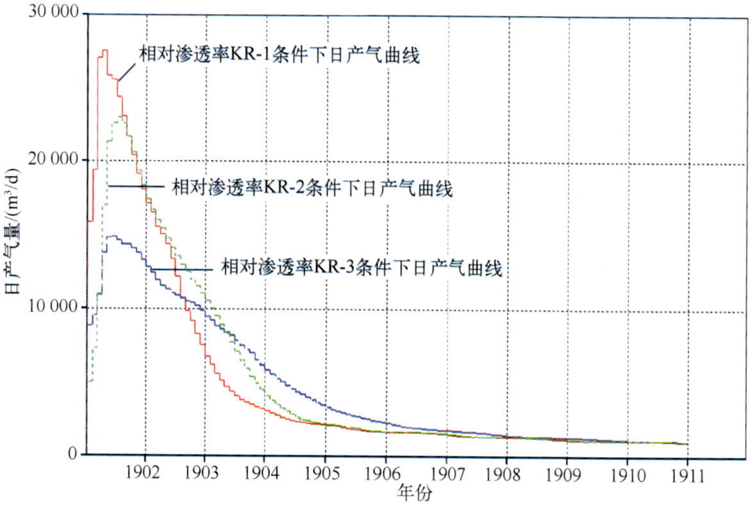

图 5-16　不同相对渗透率曲线下气井日产气变化曲线

图 5-17、图 5-18、图 5-19、图 5-20 分别展示了不同气-水两相相对渗透率曲线下井周网格气相和水相相对渗透率、平均地层压力和地下天然气水合物体积变化曲线。

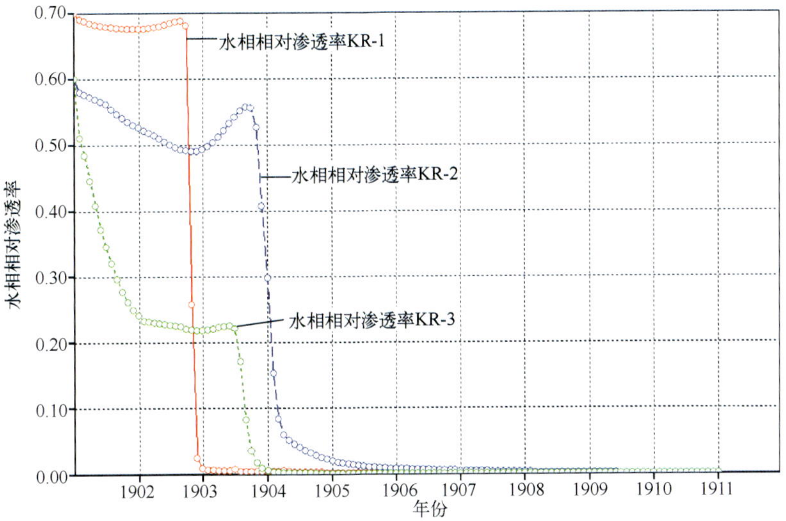

图 5-17　井周水相相对渗透率变化曲线

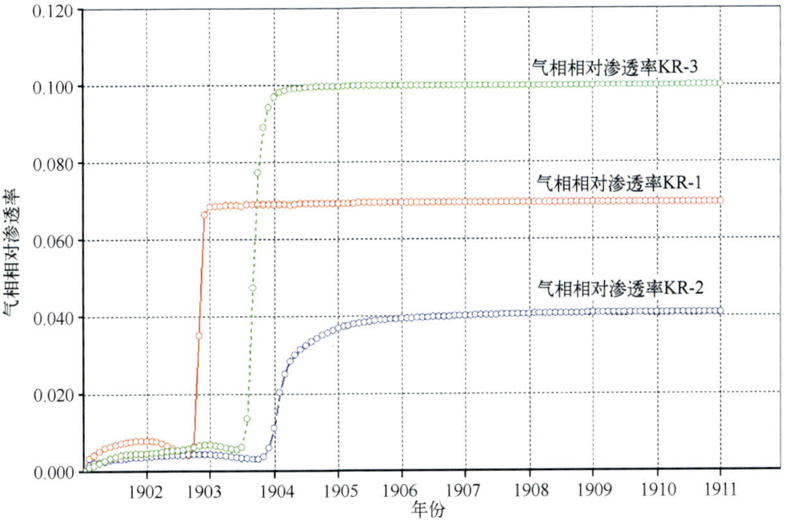

图 5-18　井周气相相对渗透率变化曲线

由图可知，对于第三类天然气水合物，当天然气水合物还未分解时，储层内的可动流体仅有水相，因此生产初期，受残余气下的水相相对渗透率 $K_{rw}(S_{gr})$ 控制，初始 KR-1 产水最多，地层压力下降最快，天然气水合物分解量最大，初始气相相对渗透率较高，初始累产气最高；

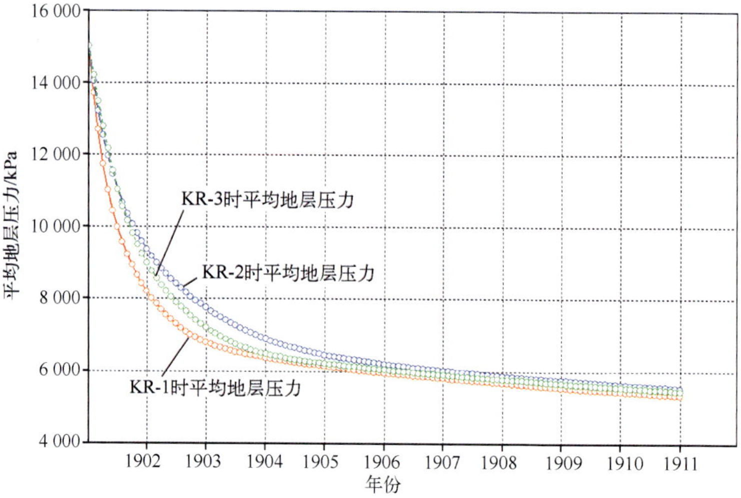

图 5-19　井周平均地层压力变化曲线

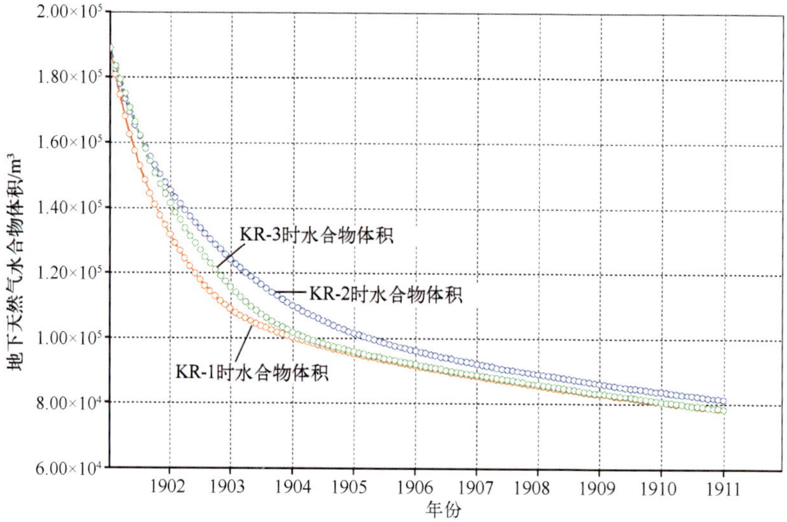

图 5-20　井周地下天然气水合物体积变化曲线

生产后期，产气量主要受束缚水下的气相相对渗透率 $K_{rg}(S_{wc})$ 控制，即使地下天然气水合物分解量增加，产气量也未必提高；其中，KR-3 的气相相对渗透率最高，累产气逐渐增加。

图 5-21 为不同相对渗透率曲线下开采第 60 天储层压力、温度和天

然气水合物饱和度分布图。由图可知 KR-1 温度场和压力场传导范围最大，天然气水合物分解半径最大，且初期气相相对渗透率最高，初始产气最大。

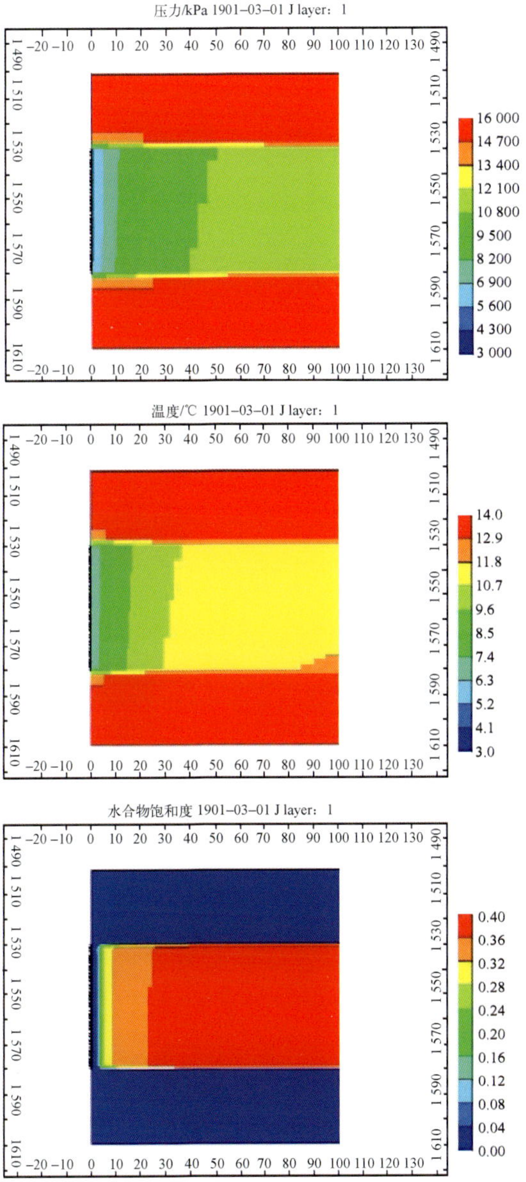

(a)

图 5-21　开采第 60 天储层压力、温度和天然气水合物饱和度分布

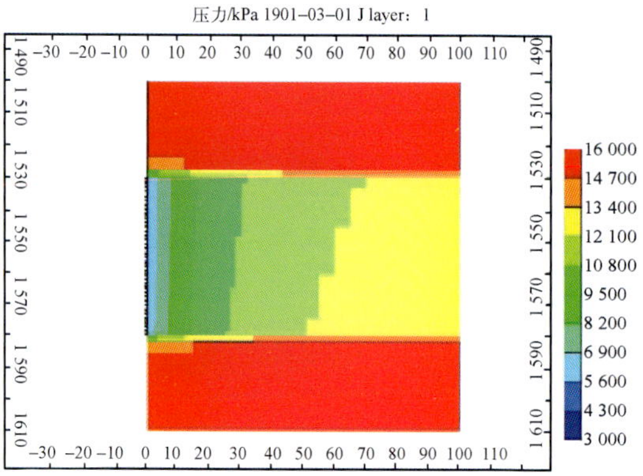

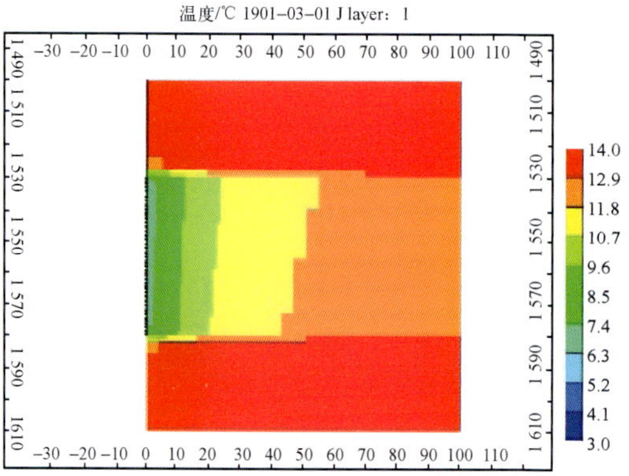

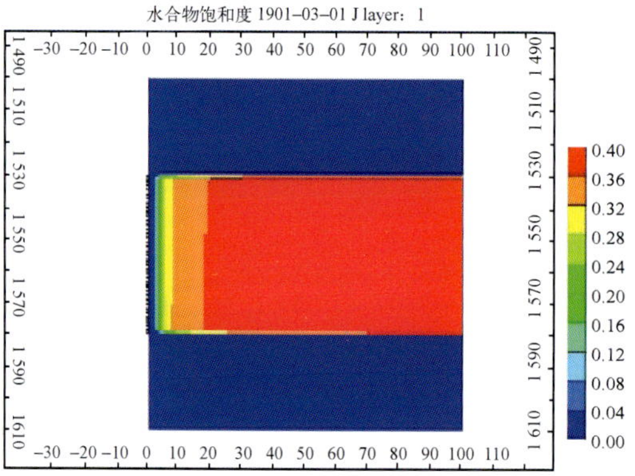

(b)

图 5-21　开采第 60 天储层压力、温度和天然气水合物饱和度分布(续)

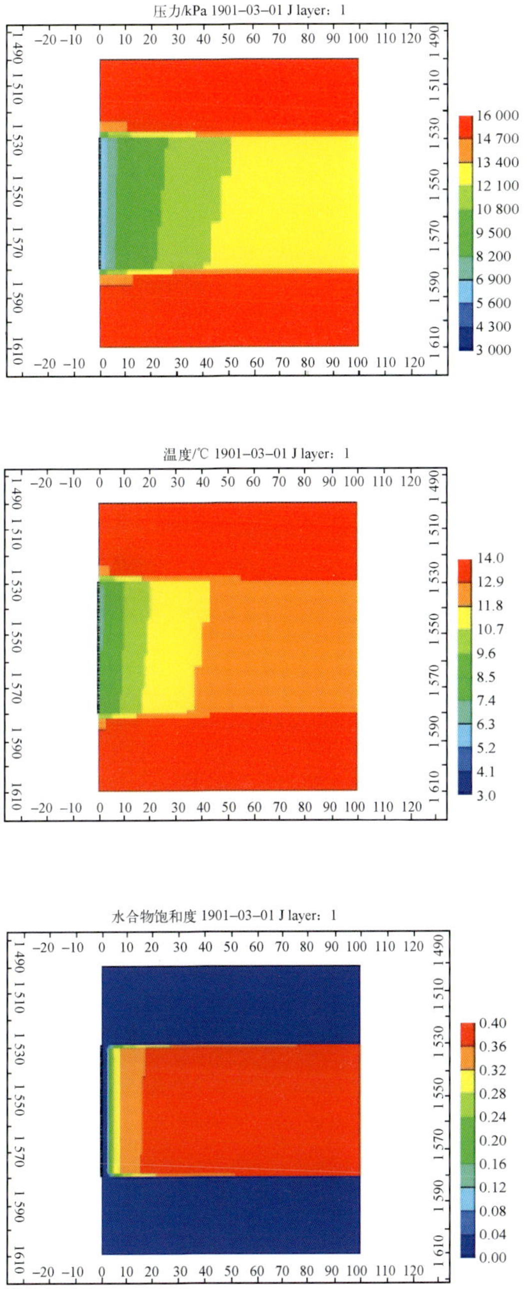

(c)

图 5-21　开采第 60 天储层压力、温度和天然气水合物饱和度分布(续)

(a)第 1 条相对渗透率曲线；(b)第 2 条相对渗透率曲线；(c)第 3 条相对渗透率曲线

图 5-22 为不同相对渗透率曲线下开采第 360 天储层压力、温度和天然气水合物饱和度分布图。结合分析可知，KR-1 仍然是天然气水合

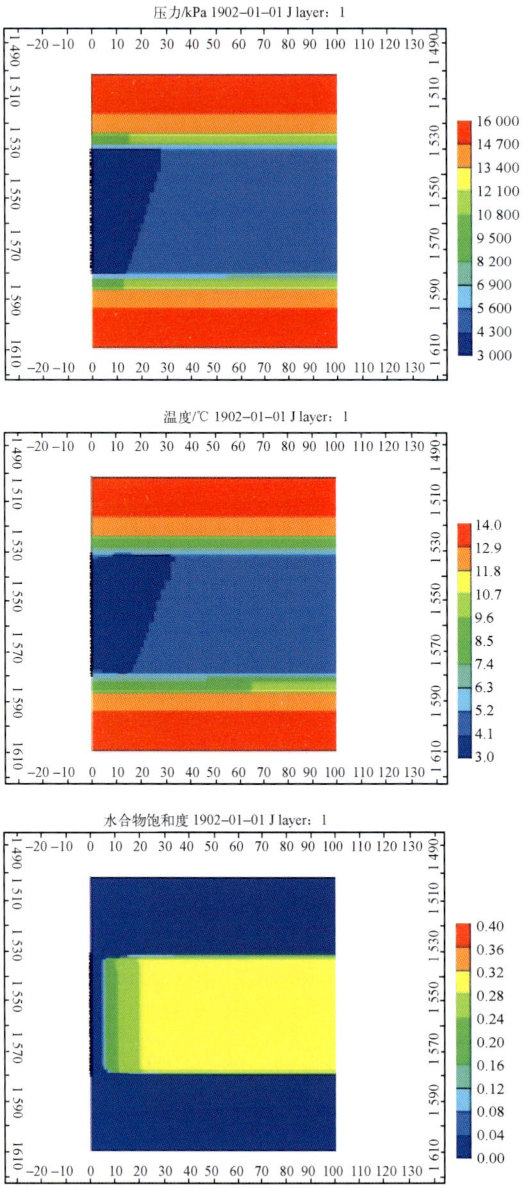

(a)

图 5-22　开采第 360 天储层压力、温度和天然气水合物饱和度分布

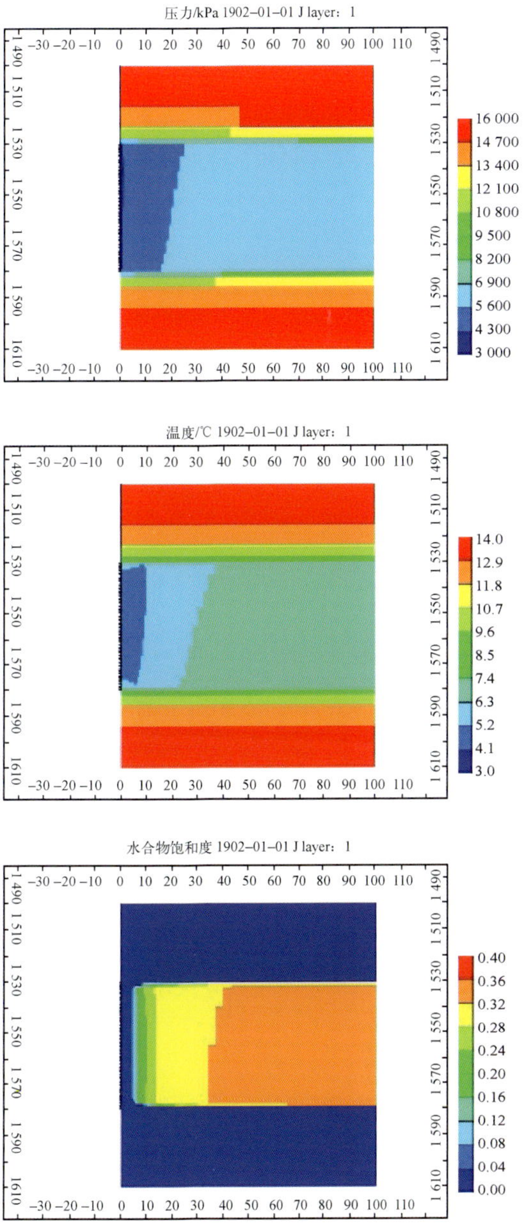

(b)

图 5-22　开采第 360 天储层压力、温度和天然气水合物饱和度分布(续)

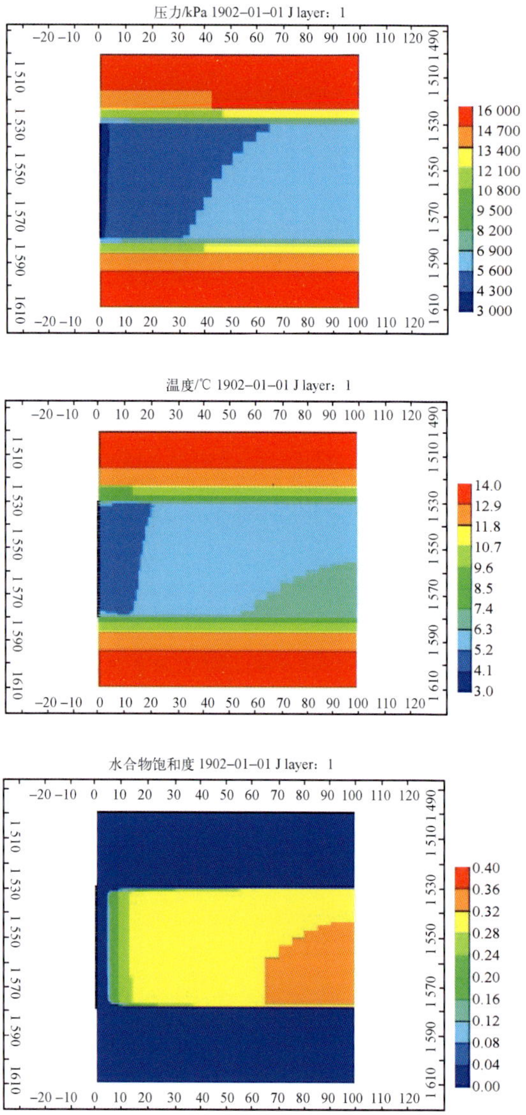

(c)

图 5-22　开采第 360 天储层压力、温度和天然气水合物饱和度分布(续)

(a)第 1 条相对渗透率曲线；(b)第 2 条相对渗透率曲线；(c)第 3 条相对渗透率曲线

物分解率最高，但是由于生产后期 KR-1 的 $K_{rg}(S_{wc})$ 低于 KR-3，因此后期 KR-3 的累产气最高。

5.5 本章小结

本章主要侧重于气藏工程方面，在未来的研究中，我们将会考虑储层的弹性、塑性形变对储层渗透率的影响，应用包含流固耦合的数值模拟方法，模拟获得天然气水合物气井的生产能力。具体结论如下。

(1)天然气水合物储层开采中储层有效渗透率受天然气水合物分解和蠕变共同控制，天然气水合物分解提高储层有效渗透率是天然气水合物开采的有利因素，而泥质粉砂储层蠕变使储层有效渗透率降低是开采的不利因素。

(2)泥质粉砂储层蠕变一定程度上影响了气井产能。在一定范围内，天然气水合物分解对储层有效渗透率的影响占主导作用，此时储层有效渗透率仍表现为增大趋势，但当储层蠕变占据主导作用时，储层有效渗透率随天然气水合物的分解反而降低，严重影响天然气水合物气井产能。

(3)第三类天然气水合物开采由于初始条件下储层中仅水相可流动，因此储层初始绝对渗透率和残余气下的水相相对渗透率 $K_{rw}(S_{gr})$ 决定了初始天然气水合物分解速率，两者初始越大，产气量越高，但束缚水下的气相相对渗透率 $K_{rg}(S_{wc})$ 决定了后期天然气水合物气井的生产能力。

6 结 论

本研究借助室内实验与数值模拟等手段，研究分析了天然气水合物储层的微观结构与基础物性；开展了分解区泥质粉砂多孔介质单相对渗透率流实验，分析了储层蠕变效应对渗透率的影响，建立了储层压力变化下蠕变结构分形渗透率模型；开展了分解区泥质粉砂多孔介质径向流气-水两相渗透率实验，分析了储层气-水两相相对渗透率曲线特征及影响因素；开展了泥质粉砂多孔介质小尺度气-水两相渗透率实验，结合 CT 扫描分析了孔隙空间中气-水分布及渗流特征，基于分形理论建立了气-水相对渗透率模型；开展了天然气水合物储层降压法开采数值模拟，分析了天然气水合物井的产能及其影响因素。具体结论如下。

(1)南海天然气水合物储层泥质粉砂样品表现出了明显的水湿特征，储层矿物以石英、碳酸盐、黏土为主，黏土成分则以伊蒙混层为主，有孔虫化石以方解石为主，黏土颗粒较小充填石英、长石之间。储层孔隙类型可分为：较大尺寸的生物化石孔、石英粒间孔、黏土孔、方解石溶蚀孔以及云母晶间孔等，存在着大量的亚微米级孔隙；泥质粉砂样品较常规砂岩表现出高孔低渗的特征，同时自身孔-渗相关性较差，系数仅为 0.488；泥质粉砂多孔介质孔隙发育的复杂程度大于常规砂岩，孔隙度较小泥质粉砂多孔介质具有非均质性越强，渗透率越低的特征，孔隙度较大的泥质粉砂多孔介质与常规砂岩表现出非均质性越强，渗透率越高的特点；泥质粉砂多孔介质进相值与渗透率呈现出较好的相关性，可给予样品渗透率的变化规律一定的理论指导。

(2)泥质粉砂多孔介质的渗透率会随驱替压差增高而降低，3 MPa/m 的驱替压力梯度是该类储层孔隙结构、渗透率发生急剧变化的临界点，驱替压力梯度小于 3 MPa/m 时，结构虽会发生蠕变，但孔隙结构与渗透特性均会保持相对稳定；大于 3 MPa/m 后，孔隙结构被迅速破坏，导致渗透率降低且不可逆，即使返回 3 MPa/m 以内也无法恢复。此种蠕变效应导致渗透率降低的本质原因是随着驱替压力增加，孔隙空间发生变形，导致可供流体渗流的孔隙与喉道整体分布变窄，小孔喉数量增多，大孔喉数量减少，孔喉平均、中值半径变小，最大孔喉半径减少。基于分形几何理论建立的不同驱替压力下泥质粉砂多孔介质渗透率模型，可有效预测驱替压力梯度进一步增大后的绝对渗透率变化，为有效掌握该类型储层开采过程中的渗透率变化以及编制相应工作制度提供理论依据。

(3)由泥质粉砂多孔介质径向流气-水两相实验得到的相对渗透率曲线可知，样品中黏土矿物含量较高，存在大量束缚水，气体相对渗透率很低，随含气饱和度不断升高，气、水干扰严重，与常规砂岩、煤层气、致密砂岩等不同类型气藏储层的气-水两相相对渗透率曲线相比，泥质粉砂沉积物气-水两相相对渗透率曲线表现为等渗点整体发生右偏移，且等渗点更低，两相共渗区更窄，与苏里格陕 234-235 井区 7 块储层样品气-水两相相对渗透率曲线形态系统对比，发现泥质粉砂储层与第Ⅳ类最为接近，同时具有更低的等渗点，更高的束缚水饱和度，最大气相相对渗透率更小；由小尺度两相对渗透率流设备与获得的 CT 扫描图像可知，泥质粉砂多孔介质中亚微米级别的小孔对水相的束缚能力较强，导致气-水相对渗透率曲线两相共渗区范围窄，等渗点较低，束缚水饱和度高，气相进入孔隙时需克服很大的毛细管压力，且易从大孔道窜出，形成优势渗流通道，导致难以在同一孔隙中与水相同时发生渗流，气-水两相共渗区较窄，等渗点较低且偏右，“水锁”效应较强，水相渗流能力因泥质粉砂对水的束缚力较强而偏低；在对饱和度数据进行校正后，基于分形理论建立的两相模型与两相相对渗透率数据拟合效果较好，水相相对渗透率分形模型基本完全拟合水相实验数据，气相相对渗透率分形模型基本与气相实验数据位于同一变化区间内，区间内一些点的偏离则是气相主要沿裂缝渗流所带来的影响。

(4)天然气水合物储层开采中储层有效渗透率受天然气水合物分解和蠕变共同控制，天然气水合物分解提高储层有效渗透率，是天然气水合物开采的有利因素，而泥质粉砂储层蠕变使储层有效渗透率降低，是开采的不利因素；在一定范围内，天然气水合物分解对储层有效渗透率的影响占主导作用，此时储层有效渗透率仍表现为增大趋势，但当储层蠕变占据主导作用时，储层有效渗透率随天然气水合物的分解反而降低，严重影响天然气水合物气井产能；第三类天然气水合物开采由于初始条件下储层中仅水相可流动，因此残余气下的水相相对渗透率决定了初始天然气水合物分解速率，初始水相相对渗透率越大，初始产气越高，但束缚水下的气相相对渗透率决定了后期天然气水合物气井的生产能力。

参考文献

[1] SLOAN JR E D. Fundamental principles and applications of natural gas hydrates [J]. Nature, 2003, 426(6964): 353.

[2] SLOAN JR E D, KOH C A. Clathrate hydrates of natural gases [M]. CRC Press, 2007.

[3] 钱伯章, 朱建芳. 天然气水合物: 巨大的潜在能源 [J]. 天然气与石油, 2008, 26(04): 47-52.

[4] 吴必豪, 莫杰, 祝有海. 国际气体天然气水合物研究开发新动态 [J]. 海洋地质动态, 2000(02): 22-23.

[5] 李淑霞, 陈月明, 杜庆军. 天然气水合物开采方法及数值模拟研究评述 [J]. 中国石油大学学报(自然科学版), 2006, 30(03): 146-150.

[6] 郭平, 刘士鑫, 杜建芬. 天然气水合物气藏开发 [M]. 北京: 石油工业出版社, 2006.

[7] 龙学渊, 袁宗明, 倪杰. 国外天然气水合物研究进展及我国的对策建议 [J]. 勘探地球物理进展, 2006, 29(03): 170-177, 182.

[8] WAITE W F, SANTAMARINA J C, CORTES D D, et al. Physical properties of hydrate-bearing sediments [J]. Rev Geophys, 2009, 47(4): RG4003.

[9] MAKOGON Y F. Natural gas hydrates—A promising source of energy [J]. J Nat Gas Sci Eng, 2010, 2(1): 49-59.

[10] 王屹, 李小森. 天然气水合物开采技术研究进展 [J]. 新能源进展, 2013, 1(01): 69-79.

[11] LI N, SUN Z F, SUN C Y, et al. Simulating natural hydrate formation and accumulation

in sediments from dissolved methane using a large three-dimensional simulator [J]. Fuel, 2018, 216: 612-620.

[12] SLOAN E D. Gas Hydrates: Review of Physical/Chemical Properties [J]. Energy Fuels, 1998, 12(2): 191-196.

[13] MAKOGON Y F, HOLDITCH S A, MAKOGON T Y. Natural gas-hydrates—A potential energy source for the 21st Century [J]. J Pet Sci Eng, 2007, 56(1): 14-31.

[14] SALEHABADI M, JIN M, YANG J, et al. Finite Element Modeling of Casing in Gas-Hydrate-Bearing Sediments [J]. SPE Drilling & Completion, 2009, 24(04): 545-552.

[15] KVENVOLDEN K A. Gas hydrates—geological perspective and global change [J]. Rev Geophys, 1993, 31(2): 173-187.

[16] MILKOV A V. Worldwide distribution of submarine mud volcanoes and associated gas hydrates [J]. Marine Geology, 2000, 167(1): 29-42.

[17] TONNET N, HERRI J M. Methane hydrates bearing synthetic sediments—Experimental and numerical approaches of the dissociation [J]. Chem Eng Sci, 2009, 64(19): 4089-4100.

[18] CHONG Z R, YANG S H B, BABU P, et al. Review of natural gas hydrates as an energy resource: Prospects and challenges [J]. Appl Energ, 2016, 162: 1633-1652.

[19] COLLETT T S. Energy Resource Potential of Natural Gas Hydrates [J]. AAPG Bull, 2002, 86(11): 1971-1992.

[20] 樊栓狮, 陈玉娟, 郎雪梅, 等. 韩国天然气水合物研究开发思路及对我国的启示 [J]. 中外能源, 2009, 14(10): 20-25.

[21] HAYASHI M, SAEKI T, INAMORI T, et al. The distribution of BSRs related to methane hydrates, offshore Japan [J]. Journal of the Japanese Association for Petroleum Technology, 2010, 75(1): 42-53.

[22] RATH B B. Methane Hydrates: An Abundance of Clean Energy [J]. MRS Bulletin,

2011, 33(4): 323-325.

[23] SAIN K, GUPTA H. Gas hydrates in India: Potential and development [J]. Gondwana Research, 2012, 22(2): 645-657.

[24] 邵明娟, 张炜, 吴西顺, 等. 麦索亚哈气田天然气水合物的开发 [J]. 国土资源情报, 2016(12): 17-19, 31.

[25] BOSWELL R, YONEDA J, WAITE W F. India National Gas Hydrate Program Expedition 02 summary of scientific results: Evaluation of natural gas-hydrate-bearing pressure cores [J]. Mar Petrol Geol, 2019, 108: 143-153.

[26] 蔡建超, 夏宇轩, 徐赛, 等. 含天然气水合物沉积物多相渗流特性研究进展 [J]. 力学学报, 2020, 52(01): 208-223.

[27] TAKAHASHI H, YONEZAWA T, FERCHO E. Operation overview of the 2002 Mallik gas hydrate production research well program at the Mackenzie Delta in the Canadian Arctic; proceedings of the Offshore Technology Conference, F, 2003 [C]. Offshore Technology Conference.

[28] HANCOCK S, COLLETT T S, DALLIMORE S R, et al. Overview of thermal-stimulation production-test results for the JAPEX/JNOC/GSC et al. Mallik 5L-38 gas hydrate production research well [M] //DALLIMORE S R, COLLETT T S. Scientific Results from the Mallik 2002 Gas Hydrate Production Research Well Program, Mackenzie Delta, Northwest Territories, Canada. Geological Survey of Canada. 2005: CD-ROM.

[29] KURIHARA M, SATO A, FUNATSU K, et al. Analysis of 2007 and 2008 gas hydrate production tests on the Aurora/JOGMEC/NRCan Mallik 2L-38 well through numerical simulation [J]. Geological Survey of Canada, Bulletin, 2012, 601: 217-259.

[30] HEESCHEN K U, ABENDROTH S, PRIEGNITZ M, et al. Gas Production from Methane Hydrate: A Laboratory Simulation of the Multistage Depressurization Test in Mallik, Northwest Territories, Canada [J]. Energy Fuels, 2016, 30(8): 6210-6219.

[31] 左汝强，李艺. 加拿大 Mallik 陆域永冻带天然气水合物成功试采回顾 [J]. 探矿工程(岩土钻掘工程)，2017，44(08)：1-12.

[32] HAUGE L P，BIRKEDAL K A，ERSLAND G，et al. Methane Production from Natural Gas Hydrates by CO_2 Replacement-Review of Lab Experiments and Field Trial；proceedings of the SPE Bergen One Day Seminar，F，2014 [C]. SPE-169198-MS.

[33] 张炜，吴西顺，王淑玲，等. 美国天然气水合物研发进展及对中国的启示 [J]. 矿床地质，2014，33(S1)：877-878.

[34] BOSWELL R，SCHODERBEK D，COLLETT T S，et al. The Iġnik Sikumi Field Experiment，Alaska North Slope：Design，Operations，and Implications for CO_2-CH_4 Exchange in Gas Hydrate Reservoirs [J]. Energy Fuels，2017，31(1)：140-153.

[35] YAMAMOTO K，INADA N，KUBO S，et al. A pressure coring operation and on-board analyses of methane hydrate-bearing samples；proceedings of the Offshore Technology Conference，F，2014 [C]. Offshore Technology Conference.

[36] 张炜，白凤龙，邵明娟，等. 日本海域天然气水合物试采进展及其对我国的启示 [J]. 海洋地质与第四纪地质，2017，37(05)：27-33.

[37] TERAO Y，LAY K，YAMAMOTO K. Design of the surface flow test system for 1st offshore production test of methane hydrate；proceedings of the Offshore Technology Conference-Asia，F，2014 [C]. Offshore Technology Conference.

[38] YAMAMOTO K，TERAO Y，FUJII T，et al. Operational overview of the first offshore production test of methane hydrates in the Eastern Nankai Trough；proceedings of the Offshore Technology Conference，F，2014 [C]. Offshore Technology Conference.

[39] 张炜，邵明娟，田黔宁. 日本海域天然气水合物开发技术进展 [J]. 石油钻探技术，2017，45(05)：98-102.

[40] 祝有海，张永勤，文怀军，等. 青海祁连山冻土区发现天然气水合物 [J]. 地质学报，2009，83(11)：1762-1771.

[41] 秦臻，林振洲，潘和平，等．木里天然气水合物测井评价系统 [J]. 物探与化探，2017，41(06)：1275-1280.

[42] 王平康，祝有海，卢振权，等．青海祁连山冻土区天然气水合物研究进展综述 [J]. 中国科学：物理学 力学 天文学，2019，49(03)：76-95.

[43] CHEN L，FENG Y，OKAJIMA J，et al. Production behavior and numerical analysis for 2017 methane hydrate extraction test of Shenhu，South China Sea [J]. J Nat Gas Sci Eng，2018，53：55-66.

[44] LI J F，YE J L，QIN X W，et al. The first offshore natural gas hydrate production test in South China Sea [J]. China Geology，2018，1(1)：5-16.

[45] 叶建良，秦绪文，谢文卫，等．中国南海天然气水合物第二次试采主要进展 [J]. 中国地质，2020，47(03)：557-568.

[46] QIN X W，LU J A，LU H L，et al. Coexistence of natural gas hydrate，free gas and water in the gas hydrate system in the Shenhu Area，South China Sea [J]. China Geology，2020，3(2)：210-220.

[47] MORIDIS G J，KOWALSKY M B，PRUESS K. Depressurization-Induced Gas Production From Class-1 Hydrate Deposits [J]. SPE Reserv Eval Eng，2007，10(05)：458-481.

[48] WANG B，DONG H，LIU Y，et al. Evaluation of thermal stimulation on gas production from depressurized methane hydrate deposits☆ [J]. Appl Energ，2018，227：710-718.

[49] LU N，HOU J，LIU Y，et al. Stage analysis and production evaluation for class Ⅲ gas hydrate deposit by depressurization [J]. Energy，2018，165：501-511.

[50] KAMATH V A，GODBOLE S P. Evaluation of Hot-Brine Stimulation Technique for Gas Production From Natural Gas Hydrates [J]. J Pet Technol，1987，39(11)：1379-1388.

[51] LI D L，LIANG D Q，FAN S S，et al. In situ hydrate dissociation using microwave heating：Preliminary study [J]. Energy Conversion and Management，2008，49(8)：2207-2213.

[52] WANG Y, LI X S, LI G, et al. Experimental study on the hydrate dissociation in porous media by five-spot thermal huff and puff method [J]. Fuel, 2014, 117: 688-696.

[53] HOU J, XIA Z, LI S, et al. Operation parameter optimization of a gas hydrate reservoir developed by cyclic hot water stimulation with a separated-zone horizontal well based on particle swarm algorithm [J]. Energy, 2016, 96: 581-591.

[54] AN S H, VAN S L, CHON B H. Production characteristics of gas hydrate reservoirs associated with steam injection and depressurisation rate [J]. International Journal of Oil, Gas and Coal Technology, 2018, 19(3): 296-315.

[55] 韩笑, 刘姝, 万青翠, 等. 热激法开采天然气水合物研究进展 [J]. 油气储运, 2019, 38(08): 849-855.

[56] LIU Y, HOU J, CHEN Z, et al. A novel natural gas hydrate recovery approach by delivering geothermal energy through dumpflooding [J]. Energy Conversion and Management, 2020, 209: 112623.

[57] LI G, LI X S, TANG L G, et al. Experimental Investigation of Production Behavior of Methane Hydrate under Ethylene Glycol Injection in Unconsolidated Sediment [J]. Energy Fuels, 2007, 21(6): 3388-3393.

[58] 赵欣, 邱正松, 黄维安, 等. 天然气水合物热力学抑制剂作用机制及优化设计 [J]. 石油学报, 2015, 36(06): 760-766.

[59] 陈玉川, 史博会, 李文庆, 等. 天然气水合物动力学抑制剂的作用机理研究进展 [J]. 化工进展, 2018, 37(05): 1726-1743.

[60] 于一帆, 史博会, 王嘉琪, 等. 天然气水合物热力学抑制剂临界最低加剂量的计算方法 [J]. 油气储运, 2019, 38(05): 547-553, 561.

[61] 陈烨, 闫铁, 孙晓峰, 等. 天然气水合物热力学抑制剂性能评价及变化规律数值模拟研究 [J]. 石油与天然气化工, 2020, 49(02): 42-46, 53.

[62] OHGAKI K, TAKANO K, SANGAWA H, et al. Methane exploitation by carbon dioxide

from gas hydrates—phase equilibria for CO_2-CH_4 mixed hydrate system [J]. Journal of chemical engineering of Japan, 1996, 29(3): 478-483.

[63] UCHIDA T, EBINUMA T, NARITA H. Observations of CO_2-hydrate decomposition and reformation processes [J]. Journal of Crystal Growth, 2000, 217(1): 189-200.

[64] 周锡堂, 樊栓狮, 梁德青. CO_2 置换开采天然气水合物研究进展 [J]. 化工进展, 2006, 25(05): 524-527.

[65] 樊燕, 刘道平, 谢应明, 等. 用 CO_2 置换天然气水合物沉积层中 CH_4 可行性分析 [J]. 天然气地球科学, 2007, 18(02): 317-320.

[66] 徐纯刚, 李小森, 蔡晶, 等. 二氧化碳置换法模拟开采天然气水合物的研究进展 [J]. 化工学报, 2013, 64(07): 2309-2315.

[67] CASTELLANI B, ROSSETTI G, TUPSAKHARE S, et al. Simulation of CO_2 storage and methane gas production from gas hydrates in a large scale laboratory reactor [J]. J Pet Sci Eng, 2016, 147: 515-527.

[68] LIU Y, STRUMENDO M, ARASTOOPOUR H. Simulation of methane production from hydrates by depressurization and thermal stimulation [J]. Industrial & engineering chemistry research, 2009, 48(5): 2451-2464.

[69] 樊栓狮, 杨圣文, 温永刚, 等. 水平井高效开采 Class 3 天然气水合物研究 [J]. 天然气工业, 2013, 33(07): 36-42.

[70] 张旭辉, 鲁晓兵. 一种新的海洋浅层天然气水合物开采法——机械-热联合法 [J]. 力学学报, 2016, 48(05): 1238-1246.

[71] CUI Y, LU C, WU M, et al. Review of exploration and production technology of natural gas hydrate [J]. Adv Geo-Energy Res, 2018, 2(1): 53-62.

[72] 张旭辉, 鲁晓兵, 李鹏. 天然气水合物开采方法的研究综述 [J]. 中国科学: 物理学 力学 天文学, 2019, 49(03): 38-59.

[73] ZHAO E, HOU J, DU Q, et al. Numerical modeling of gas production from methane

hydrate deposits using low-frequency electrical heating assisted depressurization method [J]. Fuel, 2021, 290: 120075.

[74] 业渝光, 张剑, 刁少波, 等. 海洋天然气水合物模拟实验技术 [J]. 海洋地质与第四纪地质, 2003, 23(01): 119-123.

[75] WINTERS W J, WAITE W F, MASON D H, et al. Methane gas hydrate effect on sediment acoustic and strength properties [J]. J Pet Sci Eng, 2007, 56(1): 127-135.

[76] BUFFETT B A, ZATSEPINA O Y. Formation of gas hydrate from dissolved gas in natural porous media [J]. Marine Geology, 2000, 164(1): 69-77.

[77] 李淑霞, 夏唏冉, 郝永卯, 等. 电阻率测试技术在沉积物-盐水-甲烷天然气水合物体系中的应用 [J]. 实验力学, 2010, 25(01): 95-99.

[78] 陈玉凤, 周雪冰, 梁德青, 等. 沉积物中天然气水合物生成与分解过程的电阻率变化 [J]. 天然气地球科学, 2018, 29(11): 1672-1678.

[79] 吴青柏, 蒲毅彬, 蒋观利, 等. 甲烷天然气水合物生成和分解的 X 射线断层扫描试验研究 [J]. 冰川冻土, 2006, 28(01): 122-125.

[80] BALDWIN B A, MORADI-ARAGHI A, STEVENS J C. Monitoring hydrate formation and dissociation in sandstone and bulk with magnetic resonance imaging [J]. Magnetic Resonance Imaging, 2003, 21(9): 1061-1069.

[81] SONG Y, ZHANG L, LV Q, et al. Assessment of gas production from natural gas hydrate using depressurization, thermal stimulation and combined methods [J]. RSC advances, 2016, 6(53): 47357-4767.

[82] SUN X, YAO Y, RIPEPI N, et al. A Novel Method for Gas-Water Relative Permeability Measurement of Coal Using NMR Relaxation [J]. Transp Porous Media, 2018, 124(1): 73-90.

[83] 秦绪文, 叶建良, 邱海峻, 等. CT 技术测量海域泥质粉砂储层结构变化的装置, CN209117609U [P/OL]. 2019-07-16.

[84] LU C, XIA Y, SUN X, et al. Permeability evolution at various pressure gradients in natural gas hydrate reservoir at the shenhu area in the south china sea [J]. Energies, 2019, 12(19): 3688.

[85] BIAN H, XIA Y, LU C, et al. Pore Structure Fractal Characterization and Permeability Simulation of Natural Gas Hydrate Reservoir Based on CT Images [J]. Geofluids, 2020, 2020: 6934691.

[86] 叶建良, 秦绪文, 邱海峻, 等. 基于 CT 技术观测海底泥质粉砂储层构造变化的装置及测定方法: 日本. 2020-10-21.

[87] CIVAN F. Scale effect on porosity and permeability: Kinetics, model, and correlation [J]. Aiche J, 2001, 47(2): 271-287.

[88] CIVAN F. Relating permeability to pore connectivity using a power-law flow unit equation [J]. Petrophysics-The SPWLA Journal of Formation Evaluation and Reservoir Description, 2002, 43(06): SPWLA-2002-v43n6a1.

[89] CIVAN F. Fractal formulation of the porosity and permeability relationship resulting in a power-law flow units equation-a leaky-tube model; proceedings of the International Symposium and Exhibition on Formation Damage Control, F, 2002 [C]. OnePetro.

[90] MASUDA Y. A field-scale simulation study on gas productivity of formations containing gas hydrates; proceedings of the Proc 4th International Conference on Gas Hydrates, Yokohama, Japan, 2002, F, 2002 [C].

[91] SPANGENBERG E. Modeling of the influence of gas hydrate content on the electrical properties of porous sediments [J]. J Geophys Res-Solid Earth, 2001, 106(B4): 6535-6548.

[92] KLEINBERG R L, FLAUM C, GRIFFIN D D, et al. Deep sea NMR: Methane hydrate growth habit in porous media and its relationship to hydraulic permeability, deposit accumulation, and submarine slope stability [J]. J Geophys Res-Solid Earth, 2003, 108

(B10):

[93] JANG J, SANTAMARINA J C. Recoverable gas from hydrate-bearing sediments: Pore network model simulation and macroscale analyses [J]. J Geophys Res-Solid Earth, 2011, 116(B08202).

[94] TSIMPANOGIANNIS I N, LICHTNER P C. Gas Saturation Resulting from Methane Hydrate Dissociation in a Porous Medium: Comparison between Analytical and Pore-Network Results [J]. The Journal of Physical Chemistry C, 2013, 117(21): 11104-11116.

[95] LIANG H, SONG Y, LIU Y, et al. Study of the permeability characteristics of porous media with methane hydrate by pore network model [J]. Journal of Natural Gas Chemistry, 2010, 19(3): 255-260.

[96] DELLI M L, GROZIC J L H. Experimental determination of permeability of porous media in the presence of gas hydrates [J]. J Pet Sci Eng, 2014, 120: 1-9.

[97] MINAGAWA H, NISHIKAWA Y, IKEDA I, et al. Characterization of sand sediment by pore size distribution and permeability using proton nuclear magnetic resonance measurement [J]. J Geophys Res-Solid Earth, 2008, 113(B07210).

[98] KONNO Y, MASUDA Y, HARIGUCHI Y, et al. Key Factors for Depressurization-Induced Gas Production from Oceanic Methane Hydrates [J]. Energy Fuels, 2010, 24(3): 1736-1744.

[99] 刘乐乐, 张宏源, 刘昌岭, 等. 瞬态压力脉冲法及其在松散含天然气水合物沉积物中的应用 [J]. 海洋地质与第四纪地质, 2017, 37(05): 159-165.

[100] 张宏源, 刘乐乐, 刘昌岭, 等. 基于瞬态压力脉冲法的含天然气水合物沉积物渗透性实验研究 [J]. 实验力学, 2018, 33(02): 263-271.

[101] 王超杰. 天然气水合物岩芯在线检测及物性分析研究 [D]. 大连理工大学, 2016.

[102] JOHNSON A, PATIL S, DANDEKAR A. Experimental investigation of gas-water rela-

tive permeability for gas-hydrate-bearing sediments from the Mount Elbert Gas Hydrate Stratigraphic Test Well, Alaska North Slope [J]. Mar Petrol Geol, 2011, 28(2): 419-426.

[103] JAISWAL N, WESTERVELT J, PATIL S, et al. Phase behavior and relative permeability of gas-water-hydrate system; proceedings of the AAPG Hedberg conf《Gas hydrates: energy resource potential and associated geologic hazards》, September, F, 2004 [C].

[104] 吕勤. 含甲烷天然气水合物多孔介质渗流特性研究 [D]; 大连理工大学, 2016.

[105] JIN Y, HAYASHI J, NAGAO J, et al. New method of assessing absolute permeability of natural methane hydrate sediments by microfocus X-ray computed tomography [J]. Japanese journal of applied physics, 2007, 46(5R): 3159.

[106] WANG J, ZHAO J, ZHANG Y, et al. Analysis of the effect of particle size on permeability in hydrate-bearing porous media using pore network models combined with CT [J]. Fuel, 2016, 163: 34-40.

[107] SEOL Y, KNEAFSEY T J. Methane hydrate induced permeability modification for multiphase flow in unsaturated porous media [J]. J Geophys Res-Solid Earth, 2011, 116 (B08102).

[108] 王盛龙. 天然气水合物开采过程气-水运移及颗粒聚集机理研究 [D]; 大连理工大学, 2018.

[109] 宋永臣, 梁海峰, 王志国. 天然气水合物降压开采数值模拟及影响因素分析 [J]. 大连理工大学学报, 2009, 49(02): 199-204.

[110] 业渝光. 天然气水合物实验探测和测试技术 [J]. 海洋地质前沿, 2011, 27(06): 37-43.

[111] LI B, LI X-S, LI G, et al. Measurements of water permeability in unconsolidated porous media with methane hydrate formation [J]. Energies, 2013, 6(7): 3622-3636.

[112] DAI S, SEOL Y. Water permeability in hydrate-bearing sediments: A pore-scale study [J]. Geophys Res Lett, 2014, 41(12): 4176-4184.

[113] MAHABADI N, DAI S, SEOL Y, et al. The water retention curve and relative permeability for gas production from hydrate-bearing sediments: pore-network model simulation [J]. Geochemistry, Geophysics, Geosystems, 2016, 17(8): 3099-3110.

[114] HOLDER G D, ANGERT P F. Simulation of gas production from a reservoir containing both gas hydrates and free natural gas; proceedings of the SPE annual technical conference and exhibition, F, 1982 [C]. OnePetro.

[115] TSYPKIN G G. Mathematical Models of Gas Hydrates Dissociation in Porous Media [J]. Annals of the New York Academy of Sciences, 2000, 912(1): 428-436.

[116] JI C, AHMADI G, SMITH D H. Natural gas production from hydrate decomposition by depressurization [J]. Chem Eng Sci, 2001, 56(20): 5801-5814.

[117] HONG H, POOLADI-DARVISH M, BISHNOI P. Analytical modelling of gas production from hydrates in porous media [J]. Journal of Canadian Petroleum Technology, 2003, 42(11): 45-56.

[118] AHMADI G, JI C, SMITH D H. Numerical solution for natural gas production from methane hydrate dissociation [J]. J Pet Sci Eng, 2004, 41(4): 269-285.

[119] 白玉湖, 李清平, 赵颖. 参数模型对沉积物中天然气水合物降压分解的影响 [J]. 石油钻探技术, 2009, 37(06): 11-17.

[120] 刘乐乐, 鲁晓兵, 张旭辉. 天然气水合物分解引起多孔介质变形流固耦合研究 [J]. 天然气地球科学, 2013, 24(05): 1079-1085.

[121] MORIDIS G J. Numerical studies of gas production from methane hydrates [J]. SPE J, 2003, 8(04): 359-370.

[122] REAGAN M T, MORIDIS G J, ZHANG K. Sensitivity analysis of gas production from Class 2 and Class 3 hydrate deposits; proceedings of the Offshore Technology Confer-

ence, F, 2008 [C]. OnePetro.

[123] UDDIN M, WRIGHT F, DALLIMORE S, et al. Gas hydrate dissociations in Mallik hydrate bearing zones A, B, and C by depressurization: Effect of salinity and hydration number in hydrate dissociation [J]. J Nat Gas Sci Eng, 2014, 21: 40-63.

[124] RUTQVIST J, MORIDIS G. Development of a numerical simulator for analyzing the geomechanical performance of hydrate-bearing sediments; proceedings of the The 42nd US Rock Mechanics Symposium (USRMS), F, 2008 [C]. OnePetro.

[125] SUN X, NANCHARY N, MOHANTY K K. 1-D Modeling of Hydrate Depressurization in Porous Media [J]. Transp Porous Media, 2005, 58(3): 315-338.

[126] SUN X, MOHANTY K K. Kinetic simulation of methane hydrate formation and dissociation in porous media [J]. Chem Eng Sci, 2006, 61(11): 3476-3495.

[127] RUAN X, SONG Y, LIANG H, et al. Numerical Simulation of the Gas Production Behavior of Hydrate Dissociation by Depressurization in Hydrate-Bearing Porous Medium [J]. Energy Fuels, 2012, 26(3): 1681-1694.

[128] RUAN X, SONG Y, ZHAO J, et al. Numerical simulation of methane production from hydrates induced by different depressurizing approaches [J]. Energies, 2012, 5(2): 438-458.

[129] RUAN X, YANG M, SONG Y, et al. Numerical studies of hydrate dissociation and gas production behavior in porous media during depressurization process [J]. Journal of Natural Gas Chemistry, 2012, 21(4): 381-392.

[130] 李淑霞, 郝永卯, 陈月明. 多孔介质中天然气水合物注热盐水分解实验研究 [J]. 太原理工大学学报, 2010, 41(05): 680-684.

[131] 李淑霞, 李杰, 靳玉蓉. 不同饱和度的天然气水合物降压分解实验 [J]. 化工学报, 2014, 65(04): 1411-1415.

[132] 李淑霞, 李杰, 曹文. 注热水盐度对天然气水合物开采影响的实验研究 [J]. 高

校化学工程学报, 2015, 29(02): 482-486.

[133] 郝永卯, 黎晓舟, 陶帅, 等. 天然气水合物注热开采热前缘传热方式探讨[J]. 天然气工业, 2017, 37(12): 47-52.

[134] LI B, LIANG Y P, LI X S, et al. A pilot-scale study of gas production from hydrate deposits with two-spot horizontal well system [J]. Appl Energ, 2016, 176: 12-21.

[135] ZHAO J, FAN Z, DONG H, et al. Influence of reservoir permeability on methane hydrate dissociation by depressurization [J]. Int J Heat Mass Transf, 2016, 103: 265-276.

[136] SONG Y, KUANG Y, FAN Z, et al. Influence of core scale permeability on gas production from methane hydrate by thermal stimulation [J]. Int J Heat Mass Transf, 2018, 121: 207-214.

[137] 樊栓狮, 刘锋, 陈多福. 海洋天然气水合物的形成机理探讨[J]. 天然气地球科学, 2004, 15(05): 524-530.

[138] 付少英, 陆敬安. 神狐海域天然气水合物的特征及其气源[J]. 海洋地质动态, 2010, 26(09): 6-10.

[139] 李彦龙, 刘昌岭, 廖华林, 等. 泥质粉砂沉积物-天然气水合物混合体系的力学特性[J]. 天然气工业, 2020, 40(08): 159-168.

[140] DONG H. Micro-CT imaging and pore network extraction [D]; Department of Earth Science and Engineering, Imperial College London, 2008.

[141] DONG H, BLUNT M J. Pore-network extraction from micro-computerized-tomography images [J]. Phys Rev E, 2009, 80(3): 036307.

[142] AHMAD N, RAPPAZ J, DESBIOLLES J L, et al. Numerical simulation of macrosegregation: a comparison between finite volume method and finite element method predictions and a confrontation with experiments [J]. Metall Mater Trans A, 1998, 29(2): 617-630.

[143] 蔡建超，胡祥云．多孔介质分形理论与应用 [M]. 北京：科学出版社，2015.

[144] CAI J, ZHANG L, WEI W. Modelling of Flow and Transport in Fractal Porous Media [M]. Elsevier, 2021.

[145] MANDELBROT B B. The fractal geometry of nature [M]. New York: W. H. Freeman, 1983.

[146] ROBERTSON M C, SAMMIS C G, SAHIMI M, et al. Fractal analysis of three-dimensional spatial distributions of earthquakes with a percolation interpretation [J]. J Geophys Res-Solid Earth, 1995, 100(B1): 609-620.

[147] GIBSON J R, LIN H, BRUNS M A. A comparison of fractal analytical methods on 2- and 3-dimensional computed tomographic scans of soil aggregates [J]. Geoderma, 2006, 134(3): 335-348.

[148] ALLAIN C, CLOITRE M. Characterizing the lacunarity of random and deterministic fractal sets [J]. Phys Rev A, 1991, 44(6): 3552-3558.

[149] ROY A, PERFECT E, DUNNE W M, et al. Lacunarity analysis of fracture networks: Evidence for scale-dependent clustering [J]. J Struct Geol, 2010, 32(10): 1444-1449.

[150] DE MELO R H C, CONCI A. How Succolarity could be used as another fractal measure in image analysis [J]. Telecommun Syst, 2013, 52(3): 1643-1655.

[151] TOUMELIN E, TORRES-VERDIN C, CHEN S. Modeling of multiple echo-time nmr measurements for complex pore geometries and multiphase saturations [J]. SPE Reserv Eval Eng, 2003, 6(04): 234-243.

[152] TOUMELIN E, TORRES-VERDÍN C, SUN B, et al. Random-walk technique for simulating NMR measurements and 2D NMR maps of porous media with relaxing and permeable boundaries [J]. J Magn Reson, 2007, 188(1): 83-96.

[153] TALABI O, ALSAYARI S, ICLAUER S, et al. Pore-scale simulation of NMR response

[J]. J Pet Sci Eng, 2009, 67(3-4): 168-178.

[154] KALAM M Z. Digital rock physics for fast and accurate special core analysis in carbonates [J]. New Technol Oil Gas Ind, 2012: 201-226.

[155] YU B, CHENG P. A fractal permeability model for bi-dispersed porous media [J]. Int J Heat Mass Transf, 2002, 45(14): 2983-2993.

[156] COMITI J, RENAUD M. A new model for determining mean structure parameters of fixed beds from pressure drop measurements: application to beds packed with parallelepipedal particles [J]. Chem Eng Sci, 1989, 44(7): 1539-1545.

[157] CAI J, XIA Y, LU C, et al. Creeping microstructure and fractal permeability model of natural gas hydrate reservoir [J]. Mar Petrol Geol, 2020, 115: 104282.

[158] MORGAN J T, GORDON D T. Influence of Pore Geometry on Water-Oil Relative Permeability [J]. J Pet Technol, 1970, 22(10): 1199-1208.

[159] 易敏, 郭平, 孙良田. 非稳态法水驱气相对渗透率曲线实验 [J]. 天然气工业, 2007, 27(10): 92-94.

[160] 计玮. 致密砂岩气储层气水相渗特征及其影响因素——以鄂尔多斯盆地苏里格气田陕234-235井区盒8段、山1段为例 [J]. 吉林大学学报(地球科学版), 2019, 49(06): 1540-1551.

[161] 朱苏阳, 彭小龙, 李传亮, 等. 一种煤层气藏相渗的获得方法及曲线形态讨论 [J]. 岩石力学与工程学报, 2019, 38(08): 1659-1666.

[162] XU P, QIU S, YU B, et al. Prediction of relative permeability in unsaturated porous media with a fractal approach [J]. Int J Heat Mass Transf, 2013, 64: 829-837.

[163] WEI W, CAI J, HU X, et al. An electrical conductivity model for fractal porous media [J]. Geophys Res Lett, 2015, 42(12): 4833-4840.

[164] MORIDIS G J, COLLETT T S, DALLIMORE S R, et al. Numerical studies of gas production from several CH_4 hydrate zones at the Mallik site, Mackenzie Delta, Canada

[J]. J Pet Sci Eng, 2004, 43(3-4): 219-238.

[165] MORIDIS G J, KOWALSKY M. Depressurization-induced gas production from Class 1 and Class 2 hydrate deposits [J]. TOUGH Symposium Lawrence Berkeley National Laboratory, Berkeley, California, 2006:

[166] MORIDIS G J, COLLETT T S, BOSWELL R, et al. Toward Production From Gas Hydrates: Current Status, Assessment of Resources, and Simulation-Based Evaluation of Technology and Potential [J]. SPE Reserv Eval Eng, 2009, 12(05): 745-771.

[167] UDDIN M, COOMBE D A, LAW D H S, et al. Numerical studies of gas-hydrates formation and decomposition in a geological reservoir; proceedings of the SPE Gas Technology Symposium, F, 2006 [C]. OnePetro.

[168] KIM H C, BISHNOI P R, HEIDEMANN R A, et al. Kinetics of methane hydrate decomposition [J]. Chem Eng Sci, 1987, 42(7): 1645-1653.

[169] MCKEE C R, BUMB A C, KOENIG R A. Stress-Dependent Permeability and Porosity of Coal and Other Geologic Formations [J]. SPE Formation Evaluation, 1988, 3(01): 81-91.

[170] MASUDA Y. Numerical calculation of gas production performance from reservoirs containing natural gas hydrates; proceedings of the Annual Technical Conference, Soc of Petrol Eng, San Antonio, Tex, Oct, F, 1997 [C].